京津冀一体化地震灾害损失快速评估系统研发与实践应用

谭庆全　刘　博　郁璟贻　著

U0223855

地震出版社

图书在版编目（CIP）数据

京津冀一体化地震灾害损失快速评估系统研发与实践应用 /
谭庆全，刘博，郁璟贻著. — 北京：地震出版社，2019.6

ISBN 978-7-5028-5014-2

Ⅰ.①京…　Ⅱ.①谭… ②刘… ③郁…　Ⅲ.①地震灾
害—损失—评估—研究—华北地区　Ⅳ.①P316.22

中国版本图书馆CIP数据核字(2018)第284061号

地震版　XM4331

京津冀一体化地震灾害损失快速评估系统研发与实践应用

谭庆全　刘　博　郁璟贻　著

责任编辑：董　青
责任校对：刘　丽

出版发行　地震出版社

北京市海淀区民族大学南路 9 号　　　邮编：100081
发行部：68423031　68467993　　　　传真：88421706
门市部：68467991　　　　　　　　　　传真：68467991
总编室：68462709　68423029　　　　　传真：68455221
http://seismologicalpress.com

经销：全国各地新华书店
印刷：北京鑫丰华彩印有限公司

版（印）次：2019 年 6 月第一版　　2019 年 6 月第一次印刷
开本：787×1092　1/16
字数：244 千字
印张：11.5
书号：ISBN 978-7-5028-5014-2/P（5729）
定价：58.00 元

前　言

在中央将京津冀协同发展上升为国家战略的大背景下，京津冀地区防震减灾事业的科学发展面临着新机遇、新需求、新挑战。2017年5月，中国地震局制定了《京津冀协同发展防震减灾"十三五"专项规划》，提出了系列京津冀协同发展防震减灾重点建设项目。京津冀地区分布有华北平原地震构造带、山西地震构造带和张家口—渤海地震带，历史上曾发生1679年三河—平谷8级、1966年邢台7.2级、1976年唐山7.8级等一系列大地震，造成了十分严重的生命财产损失。

多年以来，作者一直从事地震应急指挥技术系统的研究、开发、运维等工作，尤其是将空间信息技术与防震减灾业务应用相融合，开发了多个二维或三维GIS业务应用系统。在多个业务应用系统研究和应用的基础上，本书旨在进行京津冀一体化地震灾害损失快速评估系统的设计与开发，基于公里网格的分区分类快速评估方法，加工京津冀一体化地震灾害损失评估数据，实现基于B/S架构和移动APP的集多种业务功能于一体的业务应用系统，尤其是基于独立开发的二维GIS应用平台，将快速评估结果与GIS地图进行了无缝集成应用。

本书共分5章。第1章介绍了研究的背景和目标。第2章在分析需求的基础上，给出了整个系统的架构设计、各功能模块和数据库存储的详细设计。第3章介绍了系统所采用的关键技术。第4章给出了系统主要功能模块的运行结果展示。第5章进行了简单的总结，包括本系统的主要特色及后续完善计划，以

1

及地震应急相关问题的探讨。

限于篇幅，还有许多方面的内容介绍得不够详细，分析得不够透彻。请广大同行和读者给予批评指正，作者后续将进行应用系统的完善和升级。

特别感谢中国地震局工程力学研究所孙柏涛课题组为本系统的研究和应用提供的计算模型与网格化基础数据的支撑与无私帮助。

本书得到了"大中城市地震灾害情景构建"重点专项（QJGJ201617、QJGJ201709、QJGJ201805）、2018年度北京市财政专项、北京市自然科学基金（8164068）等项目的资助和支持，谨在此一并表示感谢。

由于作者水平和知识有限，加之时间仓促，本书不当之处在所难免，恳请读者批评指正。

作者

2018年10月于北京

目　录

第1章 概 述

1.1 建设背景

地震是人类面临的主要自然灾害之一。突发的破坏性地震会造成灾区人员伤亡、建筑物和生命线工程的破坏，带来巨大的经济损失和难以估量的间接损失。据中国地震台网中心公布的数据显示，从2000年至今，6级以上地震2000余次，其中7级以上地震200余次。尤其是我国大陆地区，近年来地震异常活跃：2008年汶川8.0级地震、2010年玉树7.1级地震、2013年芦山7.0级地震、2013年岷县漳县6.6级地震、2013年云川交界5.9级地震、2013年乌鲁木齐5.1级地震、2013年西左贡县芒康县交界6.1级地震、2014年于田7.3级地震、2014年盈州5.6级地震、2014年鲁甸6.5级地震、2014年景谷6.6级地震、2014年康定6.3级地震、2015年皮山6.5级地震、2016年苍梧5.4级地震、2016年杂多6.2级地震、2016年阿克陶6.7级地震、2016年呼图壁6.2级地震、2017年且末5.8级地震、2017年塔什库尔干5.5级地震、2017年阿左旗5.0级地震、2017年九寨沟7.0级地震、2017年精河6.6级地震、2017年库车5.7级地震、2017年青川5.4级地震、2017年米林6.9级地震、2017年武隆5.0级地震、2017年叶城5.2级地震，等等。

国内地震应急相关技术系统的研究和建设，是伴随我国防震减灾事业的发展逐步发展起来的。新中国的地震应急救援工作始于1966年邢台地震的抗震救灾，2000年纳入防震减灾三大工作体系。历经"九五"、"首都圈"、"十五"、"奥运保障"、"十一五"等防震减灾重大项目的实施，建设健全了相关支撑平台和技术保障系统。当前地震应急指挥技术系统基本为"十五"期间的"中国数字地震观测网络项目"建设，在国家层面和全国31个省建设了抗震救灾指挥部地震应急指挥技术系统，促使应急指挥模式发生较大变化，应急响应从传统分散型模式转化为集现代计算机、网络通讯、灾害评估和辅助决策等技术为一体的综合性应急体系。实现的地震应急业务包括地震快速触发、灾害评估、辅助决策、综合信息查询、信息管理与发布等，为科学、高效开展应急救援工作提供了强有力的保障。

目前，北京市地震灾害快速评估和辅助决策系统是基于上述的国家"十五"期间的"数字地震观测网络项目"建设，系统已经使用10年以上，系统所依赖的基础数据、评估模型、辅助决策报告内容都已经非常陈旧，系统所依赖的硬件设备都超出服役期，系统所依赖的总线服务模式也无法实现远程结果推送，因而亟需基于现势性较强的基础数据和本地化评估模型产出相关评估结果、给出辅助决策建议，并通过移动APP实现远程操作和结果推送。

在中央将京津冀协同发展上升为国家战略的大背景下，京津冀地区防震减灾事业的科学发展面临着新机遇、新需求、新挑战。2017年5月，中国地震局制定了《京津冀协同发展防震减灾"十三五"专项规划》，提出了系列京津冀协同发展防震减灾重点建设项目。京津冀三省市地缘相接、构造相通、灾害相连，将京津冀地区作为研究和应用对象，构建一体化地震灾害损失快速评估系统，十分有必要且意义重大。

1.2 建设目标

项目总体建设目标：基于京津冀本地化数据处理结果，集成最新地震灾害损失快速评估方法，研发一套运行高效、产出结果丰富、使用便捷的京津冀一体化地震灾害快速评估与辅助决策支持系统，为科学、高效开展地震应急处置工作提供技术保障。主要内容包括：

（1）数据更新与数据库建设

更新整理京津冀地区与震害快速评估、救援决策相关的基础地理数据和专业数据，比如经济、人口、建筑物、交通、重点目标、避难场所等等，生产覆盖京津冀地区的公里网格评估数据，通过相关数据规范标准建立数据库及数据管理系统。

（2）本地化评估模块研发

基于中国地震局工程力学研究所提供的基于公里网格的分区分类快速评估方法，研发本地化地震灾害快速评估模块，实现相关评估结果的图文产出。

（3）辅助决策建议模块研发

根据本地化快速评估结果，基于GIS实时空间分析计算，实现本地化辅助决策建议模板的设计和报告的自动产出。

（4）应急专题图智能产出模块研发

根据中国地震局应急专题图产出流程与规范，建立各类专题图件的模板、基础底图，基于离线制图技术和原理，实现专题图的批量制作与输出。

（5）地震应急运维管理功能研发

实现"十五"应急指挥系统计算结果的抓取、调阅与推送。根据中国地震局最新相关运维规范，建立运维日志模板，根据每天的运维值班情况在线生成相关日志文档，实现相关的日常运维管理。

（6）网站管理平台研发

研发基于B/S架构的一站式系统管理平台，在该平台上可以实现地震参数输入、快速触发、评估结果展示与下载、辅助决策报告生成与下载、专题图件生成与下载、日常运维情况的查询与统计、值班人员排班管理、系统运行日志管理等，及其他用户交互接口和必需的辅助管理功能。

（7）移动APP软件研发

研发基于移动终端的APP应用软件，实现关键业务功能模块与网站管理平台的对接，达到运程操作及信息自动推送的目的。

（8）系统集成部署与测试

将上述各研发模块进行统一集成部署与调试，结合实际应急工作进行各功能模块测试。

第2章 需求分析与系统设计

2.1 总体需求

项目总体需求包括地震综合数据库建设需求、本地化震灾快速评估需求、辅助决策业务需求、应急专题图产出需求、应急运维需求、应急值班需求、移动端应用需求、系统平台相互集成应用及高效稳定运行的需求。

（1）实现综合数据的加工处理与数据库存储管理功能，为本地化快速评估提供数据支撑，为空间可视化表达提供基础地理底图，为辅助决策建议空间分析提供数据保障。

（2）实现本地化地震灾害快速评估，结合先进的本地化分区分类快速评估方法，在地震基础数据库的支撑下，对地震可能造成的震害及人员伤亡进行快速估算，快速评估结果要实现图文产出及空间可视化表达。

（3）实现本地化辅助决策建议，生成具有实际参考价值和具有可操作性的辅助决策建议。要根据灾情快速评估情况，结合空间分析实时计算灾区的空间数据，并提供对救援决策有积极意义的信息产出。

（4）实现本地化应急专题图快速产出，基于相关业务工作规范，基于本地化专题图模板，实现专题图的自动批量产出。

（5）实现应急运维功能，实现"十五"应急指挥系统计算结果的抓取、调阅与推送，建立运维日志实现相关的日常运维管理。

（6）实现应急值班管理功能，自动生成值班列表，提供调换班管理、值班记录查询、值班表导出等。同时，提供工作总结的在线编写与查询。

（7）建立基于B/S的一站式应用平台及移动APP远程应用的多种应急触发、计算、展示的应用模式，为高效进行地震应急处置提供便捷可靠的技术手段。

（8）高稳定性和快速计算效率的需求。系统部署于北京市地震局，针对地震应急突发事件能进行快速响应计算，系统运行稳定可靠，计算效率高，为高效应对地震提供保障。

2.2 总体架构

参照国家地震应急指挥调度和通讯保障、灾情快速收集与评估的工作要求和相关标准，采用先进的数据库技术构建项目数据库；采用Service GIS和面向服务架构（SOA）的理念与方法，设计系统总体架构；基于平台开放可扩展的体系结构，选择典型应用服务对象和网络环境开展应用示范设计。系统总体架构如图2-1所示、系统代码结构类图如图2-2所示。

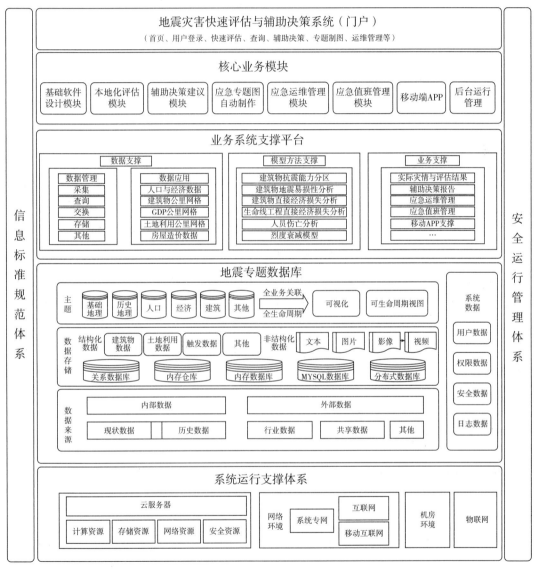

图2-1 系统总体架构图

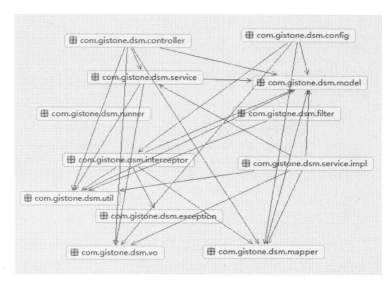

图2-2　代码结构类图

2.2.1　基础设施层

基础设施层包括支撑软件与硬件基础设施两大部分内容。

支撑软件主要包括操作系统、数据库软件、GIS平台等。支撑软件层为整个系统提供基础软件支撑。基础软件的选型和配置对系统的稳定运行至关重要，本项目中基础软件主要是采用开源软件及自主研发的软件系统。

网络和硬件是系统的硬件基础，稳定可靠的硬件设备及网络链路要能够保障系统的高效运行。硬件与网络层主要有互联网、政务网等网络设施以及服务器、磁盘阵列等硬件设备。

2.2.2　数据资源层

数据资源包括基础地理数据、地震专题数据、社会经济数据、公里网格数据四部分。

基础地理数据：全国矢量数据、京津冀矢量数据、京津冀3.6m影像、京津冀90mDEM等。

地震专题数据：历史地震（震级大于4.7）、应急避难场所、活动断裂、重点目标、危险源等。

社会经济数据：人口、经济、GDP、建筑物等。

公里网格数据：基于分区分类评估方法，生成在不同地震烈度条件下，京津冀地区人员死亡、建筑物经济损失、生命线经济损失的公里网格数据。

2.2.3 业务应用层

业务应用层由自主二维GIS平台+核心业务应用功能模块组成。

2.2.4 服务层

服务层主要面向系统内部接口，通过提供一系列标准规范的服务接口，方便开发者快速搭建或集成业务系统。本项目开发的服务接口包括基础数据管理接口、地图服务接口、计算模型接口、应急标绘接口、文档管理接口、空间计算接口、APP应用服务接口、系统管理接口，等等。

2.3 本地化评估模块功能设计

2.3.1 功能描述

2.3.1.1 本地化评估结果展示管理功能

基于VUE客户端技术，实现表格查看、弹框详情显示、柱状图统计等功能，具体功能包括：

触发地震：点击触发地震，填写经纬度、震级、深度、地震发生时间、长轴方向等参数，按提交按钮，触发后台计算。

修正评估：点击修正评估，弹出本次地震触发结果，修改参数，点击保存，后台进行重新计算。

删除评估：点击删除，可删除本次评估结果，未计算完成的结果不可删除。

搜索查询：以地震名称、经纬度范围、评估人、地震发生时范围、震级范围等查询条件，精确搜索本地化评估结果。

统计图查看：根据列表搜索条件，生成柱状图，展示每个用户评估情况。

导出评估结果：根据条件查询，导出所有评估结果详细信息的excel文件，以及快速评估结果、辅助决策建议、专题图、空间数据的压缩文件。

2.3.1.2 GIS评估分析功能

基于GIS地图技术，实现图层的实时叠加与显示。具体功能包括：

基础数据图层叠加：在图层控制栏，点击是否选中多选框对应的图层，在地图窗口进行相应图层的叠加显示。

查询功能：在评估分析栏，输入关键字点击查询按钮，可以快速查询到与搜索条件匹配的数据，查询到的结果会以列表的方式展示在页面中。

计算结果图层叠加：点击查询结果列表中的任何一条数据，在GIS地图上都会出现悬浮框。点击悬浮框的内容可以选择性地在地图上叠加评估结果信息，包括：地震影响场、人口死亡数据、生命线损失数据、建筑物损失数据。

2.3.1.3　本地化评估参数设置

衰减关系设置界面如图2-3所示。

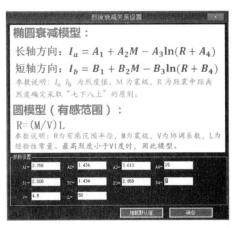

图2-3　衰减关系设置界面

椭圆衰减模型和圆模型两个烈度衰减关系模型结合使用。当最高烈度不小于Ⅵ度时，使用椭圆衰减模型；当最高烈度小于Ⅵ度时，使用圆模型。

系统需要对这两个模型的参数进行设置，以适应不同的地区。

震源深度影响系数设置界面如图2-4所示。

根据地震震源的深度对地震影响场的影响进行设置，基于专家经验或研究模型，可以针对不同的深度范围设置不同的影响系数。

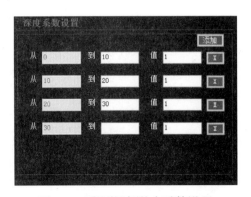

图2-4　震源深度影响系数设置

2.3.1.4　后台本地化评估程序

后台本地化评估模块采用C/S模式，设定自动触发机制进行评估。自动接收解析地震触发文件，并进行本地化评估，生成评估报告、烈度矢量图、损失栅格图（人员死亡、建筑物损失、生命线损失）及相应图件的坐标参数信息。后台本地化评估软件的主界面如图2-5所示。

图2-5 后台本地化评估软件主界面

2.3.2 功能接口

2.3.2.1 查询本地化评估结果

表2-1 请求参数表

参数	说明	数据类型
pk_id	主键id	int
earthquake_name	地震名称	String
earthquake_level	震级	double
earthquake_longitude	震中位置（经度）	String
earthquake_latitude	震中位置（纬度）	String
dip_angle	倾角	double
earthquake_time	时间	datetime
earthquake_depth	深度	double
evaluation_time	评估日期	String
evaluation_people	评估人	String
operation	评估状态	int

参数	说明	数据类型
template_type	报告模板条目	String
thematicMap_pkid	专题图条目	String
specialChat_route	应急专题图路径	String
evaluation_route	评估结果图路径	String
propoasl_route	决策建议路径	String
localPropoasl_route	本地决策建议相对路径	String
creation_time	创建时间	datetime
update_time	修改时间	datetime
influence_number	地震影响人数	String
death_number	死亡人数	String
injured_number	受伤人数	String
lifeline_loss	生命线	String
building_loss	建筑物	String
economic_loss	总经济损失	String
intensity	最高烈度	String
intensity_area	烈度影响面积	String
creator_pkid	创建人id	String
local_proposal_route	本地化评估路径	String

参数用例：

{
 "data": {
    "condition":{ createTime: 1530776401000,dipAngle: 15,earthquakeDepth: 1500,earthquakeLatitude: 40.0071065,earthquakeLevel: 5.6,earthquakeLongitude: 116.3829477,earthquakeName: 北京朝阳5.6级地震,earthquakeTime: 1530671609000,evaluationPeople: 2,evaluationRoute: null,evaluationTime: 2018-07-04,localpropoaslRoute: null,operation: 1,pkId: 1,propoaslRoute: null,specialchatRoute: null,templateType: 1,2,3,4,thematicmapPkid: 1,3,4,5,6,9,11,txtfileRoute: null,updateTime: 153086599400},
    "pageNo": 1,

```
    "pageSize": 20
  }
}
```

2.3.2.2 新建评估结果

表2-2 请求参数表

参数	说明	数据类型
pk_id	主键id	int
earthquake_name	地震名称	String
earthquake_level	震级	double
earthquake_longitude	震中位置（经度）	String
earthquake_latitude	震中位置（纬度）	String
dip_angle	倾角	double
earthquake_time	时间	datetime
earthquake_depth	深度	double
evaluation_time	评估日期	String
evaluation_people	评估人	String
operation	评估状态	int
template_type	报告模板条目	String
thematicMap_pkid	专题图条目	String
specialChat_route	应急专题图路径	String
evaluation_route	评估结果图路径	String
propoasl_route	决策建议路径	String
localPropoasl_route	本地决策建议相对路径	String
creation_time	创建时间	datetime
update_time	修改时间	datetime
influence_number	地震影响人数	String
death_number	死亡人数	String
injured_number	受伤人数	String
lifeline_loss	生命线	String
building_loss	建筑物	String
economic_loss	总经济损失	String
intensity	最高烈度	String

续表

参数	说明	数据类型
intensity_area	烈度影响面积	String
creator_pkid	创建人id	String
local_proposal_route	本地化评估路径	String

参数用例：

```
{
  "data": {
    "buildingLoss": "104415",
    "deathNumber": "100",
    "dipAngle": 85,
    "earthquakeDepth": 1800,
    "earthquakeLatitude": 40.0071064525,
    "earthquakeLevel": 5.6,
    "earthquakeLongitude": 116.3829476868,
    "earthquakeName": "北京朝阳5.6级地震",
    "earthquakeTime": "2018-07-01 14:22:32",
    "economicLoss": "100",
    "evaluationPeople": "李永亮",
    "evaluationRoute": "D:/pgjg/",
    "evaluationTime": "2018-07-06 14:22:32",
    "fastProposalRoute": "/jcjy",
    "influenceNumber": "100",
    "injuredNumber": "100",
    "intensity": "9",
    "intensityArea": "10.5",
    "lifelineLoss": "104415",
    "localProposalRoute": "/jcjy",
    "operation": 1,
    "pkId": 0,
    "propoaslRoute": "D:/jcjy/",
    "resultData": "string",
```

```
    "specialChatRoute": "D:/ztt/",
    "templateType": "1,2,3,4",
    "thematicMapPkid": "1,2,3,4",
    "txtFileRoute": "D:/txt/"
  }
}
```

返回结果：

```
{
  "data": "添加成功！，
  "msg": "ok",
  "status": "0"
}
```

2.3.2.3　删除评估结果

表2-3　请求参数表

参数	说明	数据类型
pk_id	主键id	int

参数用例：

```
{
  "data": {
   "pkId": 0
  }
}
```

返回结果：

```
{
  "data": "删除成功",
  "msg": "ok",
  "status": "0"
}
```

2.3.2.4 导出评估结果

表2-4 请求参数表

参数	说明	数据类型
pk_id	主键id	int
earthquake_name	地震名称	String
earthquake_level	震级	double
earthquake_longitude	震中位置（经度）	String
earthquake_latitude	震中位置（纬度）	String
dip_angle	倾角	double
earthquake_time	时间	datetime
earthquake_depth	深度	double
evaluation_time	评估日期	String
evaluation_people	评估人	String
operation	评估状态	int
template_type	报告模板条目	String
thematicMap_pkid	专题图条目	String
specialChat_route	应急专题图路径	String
evaluation_route	评估结果图路径	String
propoasl_route	决策建议路径	String
localPropoasl_route	本地决策建议相对路径	String
creation_time	创建时间	datetime
update_time	修改时间	datetime
influence_number	地震影响人数	String
death_number	死亡人数	String
injured_number	受伤人数	String
lifeline_loss	生命线	String
building_loss	建筑物	String
economic_loss	总经济损失	String
intensity	最高烈度	String
intensity_area	烈度影响面积	String
creator_pkid	创建人id	String
local_propoasl_route	本地化评估路径	String

参数用例：

```
{
  "data": {
    "condition": {}
  }
}
```

返回结果：

```
{
  "data": "/excelExport/20180808.zip",
  "msg": "ok",
  "status": "0"
}
```

2.3.2.5 评估结果柱状图展示

表2-5 请求参数表

参数	说明	数据类型
pk_id	主键id	int
earthquake_name	地震名称	String
earthquake_level	震级	double
earthquake_longitude	震中位置（经度）	String
earthquake_latitude	震中位置（纬度）	String
dip_angle	倾角	double
earthquake_time	时间	datetime
earthquake_depth	深度	double
evaluation_time	评估日期	String
evaluation_people	评估人	String
operation	评估状态	int
template_type	报告模板条目	String
thematicMap_pkid	专题图条目	String
specialChat_route	应急专题图路径	String
evaluation_route	评估结果图路径	String
propoasl_route	决策建议路径	String
localPropoasl_route	本地决策建议相对路径	String

参数	说明	数据类型
creation_time	创建时间	datetime
update_time	修改时间	datetime
influence_number	地震影响人数	String
death_number	死亡人数	String
injured_number	受伤人数	String
lifeline_loss	生命线	String
building_loss	建筑物	String
economic_loss	总经济损失	String
intensity	最高烈度	String
intensity_area	烈度影响面积	String
creator_pkid	创建人id	String
local_proposal_route	本地化评估路径	String

参数用例:

```
{
 "data": {
   "condition": {}
 }
}
```

返回结果:

```
{
 "msg": "ok",
 "data": [
  {
   "次数": 1,
   "earthquakeLevel": "[3-4)级"
  },
  {
   "次数": 2,
   "earthquakeLevel": "[5-6)级"
```

```
  },
  {
    "次数": 3,
    "earthquakeLevel": "[6-7)级"
  },
  {
    "次数": 9,
    "earthquakeLevel": "[7-8)级"
  },
  {
    "次数": 3,
    "earthquakeLevel": "[8-9)级"
  }
  ],
  "status": 0
}
```

2.3.2.6　获取评估结果空间数据

表2-6　请求参数表

参数	说明	数据类型
pk_id	主键id	int
Type	数据类型（地震影响场，人口死亡，生命线损失，建筑物损失）	int

参数用例：

```
{
  "data": {
"pkId": 0
"type": 1
  }
}
```

返回结果：

```
{
```

"msg": "ok",

"data": "{\"type\": \"FeatureCollection\",\"features\":

[{\"geometry\":{\"coordinates\":[[[[12979460.5949629,4890803.9106],[12979746.6392298, 4890512.3868],[12980025.1269484,4890213.43],[12980295.9732885,4889907.1313],[12980559.0957477,4889593.5841],[12980814.4141765,4889272.8838],[12981061.8508022,4888945.1281],[12981301.3302534,4888610.4168],[12981532.7795822,4888268.852],[12981756.1282869,4887920.5377],[12981971.3083335,4887565.5799],[12982178.2541759,4887204.0867],[12982376.9027764,4886836.1684],[12982567.1936248,4886461.937],[12982749.0687566,4886081.5064],[12982922.4727708,4885694.9925],[12983087.3528471,4885302.5131],[12983243.6587612,4884904.1878],[12983391.3429008,4884500.1378],[12983530.3602801,4884090.4863],[12983660.6685528,4883675.358],[12983782.228026,4883254.8794],[12983895.0016712,4882829.1785],[12983998.9551367,4882398.3851],[12984094.0567572,4881962.6303],[12984180.2775638,4881522.0469],[12984257.5912929,4881076.7692],[12984325.9743938,4880626.9326],[12984385.4060365,4880172.6744],[12984435.8681175,4879714.1327],[12984477.3452655,4879251.4474],[12984509.8248463,4878784.7593],[12984533.2969662,4878314.2106],[12984547.7544754,4877839.9447],[12984553.1929699,4877362.1059],[12984549.6107933,4876880.8399],[12984537.0090366,4876396.2933],[12984515.3915384,4875908.6136],[12984484.7648837,4875417.9495],[12984445.1384017,4874924.4503],[12984396.5241629,4874428.2664],[12984338.9369756,4873929.5489],[12984272.3943817,4873428.4498],[12984196.9166504,4872925.1216],[12984112.5267732,4872419.7178],[12984019.2504559,4871912.3922],[12983917.1161115,4871403.2994],[12983806.154851,4870892.5945],[12983686.4004743,4870380.433],[12983557.8894598,4869866.971],[12983420.6609532,4869352.3648],[12983274.7567555,4868836.7712],[12983120.2213107,4868320.3473],[12982957.1016917,4867803.2503],[12982785.4475864,4867285.6378],[12982605.3112822,4866767.6675],[12982416.7476504,4866249.4971],[12982219.8141293,4865731.2845],[12982014.5707068,4865213.1874],[12981801.079902,4864695.3639],[12981579.4067463,4864177.9714],[12981349.6187634,4863661.1678],[12981111.7859491,4863145.1103],[12980865.9807494,4862629.9563],[12980612.2780391,4862115.8626],[12980350.7550984,4861602.9857],[12980081.4915898,4861091.482],[12979804.5695335,4860581.5073],[12979520.0732827,4860073.2168],[12979228.0894977,4859566.7655],[12978928.7071195,4859062.3076],[12978622.017343,4858559.9967],[12978308.1135889,4858059.9859],[12977987.0914751,4857562.4274],[12977659.0487883,4857067.4729],[12977324.0854534,4856575.2731],[12976982.3035034,4856085.9779],[12976633.8070484,4855599.7364],[12976278.702244,4855116.6966],[12975917.0972583,4854637.0058],[12975549.1022398,4854160.8101],[12975174.8292833,4853688.2544],[12974794.392396,4853219.4828],[1297440

7.9074627,4852754.638],[12974015.4922105,4852293.8616],[12973617.2661727,4851837.2941],[12973213.3506529,4851385.0744],[12972803.8686878,4850937.3403],[12972388.9450094,4850494.2282],[12971968.7060075,4850055.8731],[12971543.2796911,4849622.4085],[12971112.795649,4849193.9664],[12970677.385011,4848770.6774],[12970237.1804072,4848352.6703],[12969792.3159284,4847940.0726],[12969342.9270844,4847533.0098],[12968889.1507636,4847131.6061],[12968431.1251905,4846735.9836],[12967968.9898842,4846346.2629],[12967502.8856156,4845962.5626],[12967032.9543646,4845584.9998],[12966559.3392768,4845213.6893],[12966082.1846198,4844848.7443],[12965601.6357398,4844490.2759],[12965117.8390164,4844138.3933],[12964630.9418189,4843793.2038],[12964141.0924608,4843454.8125],[12963648.4401551,4843123.3224],[12963153.1349684,4842798.8345],[12962655.3277754,4842481.4477],[12962155.170213,4842171.2586],[12961652.8146342,4841868.3618],[12961148.4140612,4841572.8494],[12960642.1221393,4841284.8116],[12960134.0930901,4841004.336],[12959624.481664,4840731.5082],[12959113.4430936,4840466.4111],[12958601.1330462,4840209.1255],[12958087.7075765,4839959.7299],[12957573.3230788,4839718.3001],[12957058.1362395,4839484.9098],[12956542.3039897,4839259.63],[12956025.9834568,4839042.5293],[12955509.331917,4838833.6739],[12954992.5067475,4838633.1274],[12954475.6653781,4838440.9509],[12953958.9652437,4838257.2029],[12953442.5637363,4838081.9394],[12952926.6181566,4837915.2138],[12952411.2856669,4837757.0768],[12951896.7232422,4837607.5767],[12951383.0876233,4837466.7589],[12950870.5352686,4837334.6664],[12950359.2223065,4837211.3394],[12949849.3044879,4837096.8155],[12949340.9371387,4836991.1295],[12948834.2751125,4836894.3137],[12948329.4727434,4836806.3976],[12947826.6837992,4836727.4078],[12947326.0614343,4836657.3685],[12946827.7581431,4836596.3011],[12946331.9257135,4836544.224],[12945838.7151809,4836501.1533],[12945348.2767821,4836467.1019],[12944860.7599094,4836442.0803],[12944376.313065,4836426.0961],[12943895.0838162,4836419.1542],[12943417.2187501,4836421.2566],[12942942.863429,4836432.4028],[12942472.1623462,4836452.5893],[12942005.2588817,4836481.81],[12941542.2952589,4836520.0561],[12941083.412501,4836567.3157],[12940628.750388,4836623.5746],[12940178.4474146,4836688.8156],[12939732.6407473,4836763.0189],[12939291.4661831,4836846.1617],[12938855.0581082,4836938.2189],[12938423.5494566,4837039.1624],[12937997.0716701,4837148.9613],[12937575.7546579,4837267.5824],[12937159.7267573,4837394.9894],[12936749.1146943,4837531.1435],[12936344.0435455,4837676.0032],[12935944.6366993,4837829.5245],[12935551.0158191,4837991.6606],[12935163.3008055,4838162.362],[12934781.6097603,4838341.5768],[12934406.0589502,4838529.2504],[12934036.7627717,4838725.3257],[12933673.833716,4838929.7428],[12933317.3823348,4839142.4395],[12932967.5172066,4839363.3511],[1293

2624.3449037,4839592.4103],[12932287.9699598,4839829.5472],[12931958.4948379,4840074.6896],[12931636.0198993,4840327.7629],[12931320.643373,4840588.69],[12931012.4613258,4840857.3914],[12930711.5676329,4841133.7852],[12930418.0539494,4841417.7873],[12930132.0096824,4841709.3112],[12929853.5219639,4842008.268],[12929582.6756238,4842314.5666],[12929319.5531645,4842628.1139],[12929064.2347358,4842948.8142],[12928816.7981101,4843276.5699],[12928577.3186589,4843611.2811],[12928345.8693301,4843952.8459],[12928122.5206253,4844301.1603],[12927907.3405788,4844656.1181],[12927700.3947364,4845017.6112],[12927501.7461359,4845385.5295],[12927311.4552875,4845759.761],[12927129.5801557,4846140.1916],[12926956.1761414,4846526.7054],[12926791.2960652,4846919.1848],[12926634.9901511,4847317.5102],[12926487.3060114,4847721.5601],[12926348.2886322,4848131.2117],[12926217.9803594,4848546.34],[12926096.4208863,4848966.8186],[12925983.647241,4849392.5194],[12925879.6937755,4849823.3129],[12925784.592155,4850259.0676],[12925698.3713484,4850699.651],[12925621.0576194,4851144.9288],[12925552.6745185,4851594.7653],[12925493.2428758,4852049.0236],[12925442.7807948,4852507.5652],[12925401.3036468,4852970.2506],[12925368.824066,4853436.9386],[12925345.3519461,4853907.4873],[12925330.8944369,4854381.7533],[12925325.4559423,4854859.592],[12925329.038119,4855340.858],[12925341.6398757,4855825.4046],[12925363.2573738,4856313.0843],[12925393.8840285,4856803.7485],[12925433.5105106,4857297.2477],[12925482.1247494,4857793.4316],[12925539.7119366,4858292.1491],[12925606.2545306,4858793.2482],[12925681.7322618,4859296.5763],[12925766.1221391,4859801.9802],[12925859.3984564,4860309.3057],[12925961.5328008,4860818.3985],[12926072.4940613,4861329.1034],[12926192.248438,4861841.2649],[12926320.7594525,4862354.727],[12926457.9879591,4862869.3331],[12926603.8921567,4863384.9267],[12926758.4276016,4863901.3507],[12926921.5472205,4864418.4476],[12927093.2013259,4864936.0601],[12927273.3376301,4865454.0304],[12927461.9012619,4865972.2008],[12927658.834783,4866490.4135],[12927864.0782055,4867008.5105],[12928077.5690103,4867526.3341],[12928299.242166,4868043.7265],[12928529.0301489,4868560.5302],[12928766.8629632,4869076.5876],[12929012.6681629,4869591.7417],[12929266.3708732,4870105.8354],[12929527.8938139,4870618.7122],[12929797.1573225,4871130.2159],[12930074.0793788,4871640.1907],[12930358.5756296,4872148.4811],[12930650.5594146,4872654.9324],[12930949.9417927,4873159.3904],[12931256.6315692,4873661.7013],[12931570.5353234,4874161.7121],[12931891.5574371,4874659.2705],[12932219.6001239,4875154.225],[12932554.5634589,4875646.4249],[12932896.3454089,4876135.7201],[12933244.8418638,4876621.9616],[12933599.9466683,4877105.0013],[12933961.551654,4877584.6921],[12934329.5466725,4878060.8879],[12934703.819629,4878533.4435],[12935084.2565162,4879002.2152],[1293

5470.7414495,4879467.0599],[12935863.1567018,4879927.8363],[12936261.3827396,4880384.4039],[12936665.2982593,4880836.6236],[12937074.7802245,4881284.3577],[12937489.7039029,4881727.4698],[12937909.9429047,4882165.8249],[12938335.3692212,4882599.2895],[12938765.8532632,4883027.7316],[12939201.2639013,4883451.0206],[12939641.468505,4883869.0276],[12940086.3329839,4884281.6254],[12940535.7218279,4884688.6881],[12940989.4981487,4885090.0919],[12941447.5237218,4885485.7144],[12941909.659028,4885875.4351],[12942375.7632966,4886259.1353],[12942845.6945477,4886636.6982],[12943319.3096355,4887008.0087],[12943796.4642924,4887372.9537],[12944277.0131725,4887731.4221],[12944760.8098959,4888083.3046],[12945247.7070934,4888428.4941],[12945737.5564514,4888766.8855],[12946230.2087572,4889098.3756],[12946725.5139439,4889422.8635],[12947223.3211369,4889740.2503],[12947723.4786992,4890050.4393],[12948225.8342781,4890353.3362],[12948730.2348511,4890648.8485],[12949236.5267729,4890936.8863],[12949744.5558222,4891217.3619],[12950254.1672483,4891490.1898],[12950765.2058187,4891755.2869],[12951277.5158661,4892012.5724],[12951790.9413358,4892261.9681],[12952305.3258335,4892503.3978],[12952820.5126727,4892736.7881],[12953336.3449225,4892962.0679],[12953852.6654555,4893179.1686],[12954369.3169952,4893388.024],[12954886.1421648,4893588.5705],[12955402.9835342,4893780.747],[12955919.6836685,4893964.495],[12956436.085176,4894139.7585],[12956952.0307556,4894306.4842],[12957467.3632454,4894464.6211],[12957981.9256701,4894614.1213],[12958495.561289,4894754.939],[12959008.1136437,4894887.0315],[12959519.4266058,4895010.3585],[12960029.3444244,4895124.8824],[12960537.7117736,4895230.5684],[12961044.3737998,4895327.3842],[12961549.1761688,4895415.3004],[12962051.965113,4895494.2901],[12962552.587478,4895564.3294],[12963050.8907692,4895625.3969],[12963546.7231988,4895677.4739],[12964039.9337313,4895720.5447],[12964530.3721301,4895754.5961],[12965017.8890029,4895779.6176],[12965502.3358473,4895795.6018],[12965983.5650961,4895802.5438],[12966461.4301622,4895800.4413],[12966935.7854832,4895789.2951],[12967406.4865661,4895769.1086],[12967873.3900306,4895739.8879],[12968336.3536534,4895701.6419],[12968795.2364113,4895654.3822],[12969249.8985243,4895598.1233],[12969700.2014977,4895532.8823],[12970146.008165,4895458.6791],[12970587.1827291,4895375.5362],[12971023.5908041,4895283.479],[12971455.0994556,4895182.5356],[12971881.5772422,4895072.7366],[12972302.8942544,4894954.1156],[12972718.922155,4894826.7086],[12973129.534218,4894690.5545],[12973534.6053668,4894545.6947],[12973934.0122129,4894392.1734],[12974327.6330932,4894230.0374],[12974715.3481068,4894059.3359],[12975097.039152,4893880.1211],[12975472.5899621,4893692.4475],[12975841.8861406,4893496.3723],[12976204.8151963,4893291.9552],[12976561.2665775,4893079.2584],[12976911.1317057,4892858.34

68],[12977254.3040085,4892629.2877],[12977590.6789525,4892392.1508],[12977920.1540744,4892147.0083],[12978242.629013,4891893.935],[12978558.0055392,4891633.0079],[12978866.1875864,4891364.3065],[12979167.0812794,4891087.9127],[12979460.5949629,4890803.9106]],[[12962972.1544497,4874199.9554],[12962884.2449926,4874284.8063],[12962793.9154357,4874367.1674],[12962701.1932943,4874447.0135],[12962606.1068124,4874524.3203],[12962508.6849544,4874599.0643],[12962408.9573958,4874671.2227],[12962306.9545147,4874740.7736],[12962202.7073821,4874807.6956],[12962096.2477527,4874871.9686],[12961987.6080552,4874933.5728],[12961876.8213821,4874992.4895],[12961763.9214803,4875048.7008],[12961648.9427402,4875102.1896],[12961531.9201853,4875152.9394],[12961412.8894619,4875200.935],[12961291.8868279,4875246.1617],[12961168.9491418,4875288.6056],[12961044.1138517,4875328.2539],[12960917.4189836,4875365.0945],[12960788.9031301,4875399.1162],[12960658.6054382,4875430.3086],[12960526.5655979,4875458.6622],[12960392.8238298,4875484.1683],[12960257.420873,4875506.8193],[12960120.3979725,4875526.6081],[12959981.7968668,4875543.5288],[12959841.6597751,4875557.5762],[12959700.0293847,4875568.7461],[12959556.9488374,4875577.0349],[12959412.461717,4875582.4403],[12959266.6120356,4875584.9606],[12959119.4442206,4875584.5949],[12958971.0031005,4875581.3435],[12958821.3338921,4875575.2073],[12958670.482186,4875566.1881],[12958518.4939331,4875554.2887],[12958365.4154305,4875539.5128],[12958211.2933074,4875521.8648],[12958056.174511,4875501.3501],[12957900.1062917,4875477.975],[12957743.1361897,4875451.7465],[12957585.3120195,4875422.6727],[12957426.6818558,4875390.7625],[12957267.2940189,4875356.0255],[12957107.19706,4875318.4724],[12956946.439746,4875278.1145],[12956785.0710453,4875234.9641],[12956623.1401123,4875189.0345],[12956460.6962728,4875140.3396],[12956297.7890087,4875088.8942],[12956134.4679431,4875034.714],[12955970.7828252,4874977.8155],[12955806.7835151,4874918.216],[12955642.5199686,4874855.9338],[12955478.0422219,4874790.9877],[12955313.4003765,4874723.3975],[12955148.644584,4874653.1839],[12954983.8250306,4874580.3682],[12954818.9919219,4874504.9726],[12954654.1954676,4874427.0201],[12954489.4858663,4874346.5343],[12954324.9132903,4874263.54],[12954160.5278699,4874178.0622],[12953996.3796784,4874090.1271],[12953832.518717,4873999.7614],[12953668.9948994,4873906.9926],[12953505.8580365,4873811.8491],[12953343.1578214,4873714.3598],[12953180.9438141,4873614.5544],[12953019.2654265,4873512.4633],[12952858.1719075,4873408.1176],[12952697.7123278,4873301.549],[12952537.9355648,4873192.7901],[12952378.8902882,4873081.874],[12952220.6249445,4872968.8344],[12952063.1877431,4872853.7059],[12951906.6266409,4872736.5234],[12951750.9893277,4872617.3226],[12951596.3232123,4872496.1399],[12951442.6754075,4872373.0122],[12951290.0927158,48722

47.977],[12951138.6216155,4872121.0723],[12950988.3082461,4871992.3369],[12950839.19839
45,4871861.8099],[12950691.337481,4871729.5311],[12950544.7705455,4871595.5408],[129503
99.5422337,4871459.8798],[12950255.6967835,4871322.5895],[12950113.2780117,4871183.711
6],[12949972.3293004,4871043.2884],[12949832.8935839,4870901.3628],[12949695.0133358,48
70757.978],[12949558.7305556,4870613.1776],[12949424.0867564,4870467.0057],[12949291.12
29521,4870319.5069],[12949159.8796446,4870170.7262],[12949030.3968121,4870020.7087],[12
948902.7138961,4869869.5003],[12948776.8697902,4869717.1469],[12948652.9028277,486956
3.695],[12948530.8507701,4869409.1914],[12948410.7507957,4869253.683],[12948292.639488,
4869097.2173],[12948176.552825,4868939.842],[12948062.5261677,4868781.6049],[12947950.5
942498,4868622.5542],[12947840.7911669,4868462.7385],[12947733.1503659,4868302.2063],[1
2947627.7046354,4868141.0067],[12947524.4860951,4867979.1886],[12947423.5261864,48678
16.8014],[12947324.8556626,4867653.8946],[12947228.5045798,4867490.5178],[12947134.5022
875,4867326.7207],[12947042.8774196,4867162.5532],[12946953.6578859,4866998.0654],[1294
6866.8708636,4866833.3073],[12946782.5427889,4866668.3291],[12946700.699349,4866503.18
11],[12946621.365474,4866337.9137],[12946544.5653299,4866172.577],[12946470.3223108,486
6007.2216],[12946398.6590317,4865841.8977],[12946329.5973221,4865676.6557],[12946263.15
82188,4865511.546],[12946199.3619597,4865346.6189],[12946138.227978,4865181.9245],[1294
6079.7748954,4865017.5131],[12946024.0205175,4864853.4348],[12945970.9818275,4864689.7
395],[12945920.6749815,4864526.477],[12945873.1153036,4864363.6972],[12945828.3172808,4
864201.4495],[12945786.294559,4864039.7835],[12945747.0599388,4863878.7484],[12945710.6
253714,4863718.3932],[12945677.0019552,4863558.7667],[12945646.1999321,4863399.9176],[1
2945618.2286848,4863241.8943],[12945593.0967335,4863084.7449],[12945570.8117338,48629
28.5173],[12945551.3804738,4862773.2591],[12945534.8088724,4862619.0175],[12945521.1019
776,4862465.8396],[12945510.2639647,4862313.772],[12945502.2981348,4862162.861],[129454
97.2069147,4862013.1526],[12945494.9918549,4861864.6924],[12945495.6536304,4861717.525
6],[12945499.1920395,4861571.6971],[12945505.6060044,4861427.2512],[12945514.8935713,48
61284.232],[12945527.0519112,4861142.6831],[12945542.0773204,4861002.6475],[12945559.96
52222,4860864.1679],[12945580.7101677,4860727.2864],[12945604.3058377,4860592.0449],[12
945630.7450448,4860458.4845],[12945660.0197354,4860326.6458],[12945692.1209921,486019
6.569],[12945727.0390365,4860068.2938],[12945764.7632323,4859941.8592],[12945805.282088
4,4859817.3038],[12945848.5832622,4859694.6654],[12945894.6535639,4859573.9815],[129459
43.4789599,4859455.2887],[12945995.0445777,4859338.6233],[12946049.3347097,4859224.020
8],[12946106.3328187,4859111.5161],[12946166.0215425,4859001.1434],[12946228.3826994,48

23

58892.9364],[12946293.3972936,4858786.9281],[12946361.0455209,4858683.1507],[12946431.3067751,4858581.6359],[12946504.1596538,4858482.4145],[12946579.5819655,4858385.5168],[12946657.5507357,4858290.9724],[12946738.0422145,4858198.8099],[12946821.0318832,4858109.0575],[12946906.4944625,4858021.7426],[12946994.4039197,4857936.8916],[12947084.7334766,4857854.5306],[12947177.455618,4857774.6845],[12947272.5420999,4857697.3776],[12947369.9639579,4857622.6336],[12947469.6915164,4857550.4752],[12947571.6943975,4857480.9244],[12947675.9415301,4857414.0023],[12947782.4011595,4857349.7294],[12947891.0408571,4857288.1252],[12948001.8275301,4857229.2084],[12948114.7274319,4857172.9971],[12948229.7061721,4857119.5084],[12948346.728727,4857068.7585],[12948465.7594504,4857020.7629],[12948586.7620844,4856975.5363],[12948709.6997705,4856933.0923],[12948834.5350606,4856893.444],[12948961.2299286,4856856.6034],[12949089.7457822,4856822.5817],[12949220.0434741,4856791.3894],[12949352.0833144,4856763.0358],[12949485.8250825,4856737.5296],[12949621.2280393,4856714.8787],[12949758.2509398,4856695.0899],[12949896.8520455,4856678.1692],[12950036.9891371,4856664.1217],[12950178.6195276,4856652.9519],[12950321.7000749,4856644.663],[12950466.1871953,4856639.2576],[12950612.0368766,4856636.7373],[12950759.2046917,4856637.103],[12950907.6458118,4856640.3544],[12951057.3150202,4856646.4907],[12951208.1667263,4856655.5099],[12951360.1549792,4856667.4093],[12951513.2334817,4856682.1852],[12951667.3556048,4856699.8332],[12951822.4744013,4856720.3479],[12951978.5426205,4856743.723],[12952135.5127226,4856769.9514],[12952293.3368928,4856799.0252],[12952451.9670565,4856830.9354],[12952611.3548934,4856865.6724],[12952771.4518523,4856903.2256],[12952932.2091662,4856943.5835],[12953093.5778669,4856986.7338],[12953255.5087999,4857032.6634],[12953417.9526395,4857081.3584],[12953580.8599036,4857132.8038],[12953744.1809692,4857186.984],[12953907.8660871,4857243.8825],[12954071.8653972,4857303.4819],[12954236.1289437,4857365.7642],[12954400.6066904,4857430.7103],[12954565.2485358,4857498.3004],[12954730.0043282,4857568.5141],[12954894.8238817,4857641.3298],[12955059.6569904,4857716.7254],[12955224.4534447,4857794.6779],[12955389.1630459,4857875.1636],[12955553.735622,4857958.158],[12955718.1210424,4858043.6358],[12955882.2692339,4858131.5709],[12956046.1301952,4858221.9366],[12956209.6540128,4858314.7053],[12956372.7908757,4858409.8488],[12956535.4910909,4858507.3381],[12956697.7050982,4858607.1436],[12956859.3834858,4858709.2347],[12957020.4770047,4858813.5804],[12957180.9365845,4858920.1489],[12957340.7133475,4859028.9078],[12957499.7586241,4859139.8239],[12957658.0239677,4859252.8635],[12957815.4611691,4859367.9921],[12957972.0222714,4859485.1746],[12958127.6595846,4859604.3754],[12958282.3257,4859725.558],[12958435.9735048,4859848.6858],[12958588.

5561965,4859973.721],[12958740.0272968,4860100.6256],[12958890.3406662,4860229.3611],[1
2959039.4505178,4860359.8881],[12959187.3114313,4860492.1668],[12959333.8783668,48606
26.1571],[12959479.1066786,4860761.8181],[12959622.9521288,4860899.1085],[12959765.3709
006,4861037.9864],[12959906.3196119,4861178.4095],[12960045.7553284,4861320.3351],[1296
0183.6355765,4861463.72],[12960319.9183567,4861608.5204],[12960454.5621559,4861754.692
2],[12960587.5259602,4861902.191],[12960718.7692676,4862050.9718],[12960848.2521002,486
2200.9892],[12960975.9350162,4862352.1977],[12961101.7791221,4862504.5511],[12961225.74
60846,4862658.0029],[12961347.7981422,4862812.5066],[12961467.8981166,4862968.0149],[12
961586.0094243,4863124.4806],[12961702.0960873,4863281.856],[12961816.1227445,4863440.
0931],[12961928.0546624,4863599.1437],[12962037.8577454,4863758.9595],[12962145.498546
4,4863919.4916],[12962250.9442769,4864080.6913],[12962354.1628172,4864242.5093],[129624
55.1227259,4864404.8965],[12962553.7932496,4864567.8033],[12962650.1443324,4864731.180
2],[12962744.1466248,4864894.9773],[12962835.7714927,4865059.1448],[12962924.9910264,48
65223.6326],[12963011.7780486,4865388.3907],[12963096.1061233,4865553.3688],[12963177.9
495633,4865718.5168],[12963257.2834383,4865883.7843],[12963334.0835824,4866049.1209],[1
2963408.3266015,4866214.4764],[12963479.9898805,4866379.8003],[12963549.0515902,48665
45.0422],[12963615.4906935,4866710.1519],[12963679.2869525,4866875.0791],[12963740.4209
343,4867039.7734],[12963798.8740169,4867204.1848],[12963854.6283948,4867368.2632],[1296
3907.6670848,4867531.9585],[12963957.9739307,4867695.2209],[12964005.5336087,4867858.0
008],[12964050.3316315,4868020.2484],[12964092.3543533,4868181.9144],[12964131.5889735,
4868342.9496],[12964168.0235408,4868503.3048],[12964201.6469571,4868662.9313],[1296423
2.4489802,4868821.7803],[12964260.4202275,4868979.8036],[12964285.5521787,4869136.953],
[12964307.8371785,4869293.1806],[12964327.2684385,4869448.4388],[12964343.8400398,4869
602.6804],[12964357.5469346,4869755.8583],[12964368.3849476,4869907.926],[12964376.3507
774,4870058.837],[12964381.4419976,4870208.5454],[12964383.6570573,4870357.0056],[12964
382.9952818,4870504.1723],[12964379.4568727,4870650.0009],[12964373.0429079,4870794.44
67],[12964363.7553409,4870937.4659],[12964351.5970011,4871079.0149],[12964336.5715918,4
871219.0505],[12964318.6836901,4871357.5301],[12964297.9387446,4871494.4115],[12964274.
3430746,4871629.653],[12964247.9038675,4871763.2135],[12964218.6291769,4871895.0522],[1
2964186.5279202,4872025.1289],[12964151.6098758,4872153.4041],[12964113.8856799,48722
79.8387],[12964073.3668239,4872404.3942],[12964030.06565,4872527.0325],[12963983.995348
4,4872647.7165],[12963935.1699523,4872766.4092],[12963883.6043346,4872883.0746],[129638
29.3142026,4872997.6772],[12963772.3160936,4873110.1819],[12963712.6273697,4873220.554

5],[12963650.2662128,4873328.7615],[12963585.2516187,4873434.7698],[12963517.6033914,4873538.5472],[12963447.3421372,4873640.0621],[12963374.4892584,4873739.2835],[12963299.0669468,4873836.1811],[12963221.0981765,4873930.7256],[12963140.6066978,4874022.8881],[12963057.617029,4874112.6404], [12962972.1544497,4874199.9554]]]],\"type\":\"MultiPolygon\"}, \"id\":\"ld.1\",\"type\":\"Feature\",\"properties\":{\"烈度\":\"Ⅵ\",\"FieldID\":1,\"INTENSITY\":6}}]}",
　　"status": 0
　}

2.3.2.7　根据经纬度获取评估地震名称

表2-7　请求参数表

参数	说明	数据类型
earthquakeLongitude	经度	int
earthquakeLatitude	纬度	Int

　参数用例:
　{
　　"data": {
　　　"earthquakeLatitude": "39.5",
　　　"earthquakeLongitude": "116.3"
　　}
　}
　返回结果:
　{
　　"msg": "ok",
　　"data": "北京大兴",
　　"status": 0
　}

2.3.2.8　触发本地化评估

触发本地化评估的参数主要包括:记录id、地震名称、地震震级、震源深度、地震发生时间、倾角、纬度、经度、专题图存放路径、评估结果路径、空间数据存放路径。

表2-8 触发参数表

参数	说明	类型
pkId	记录id	String
earthquakeName	地震名称	String
earthquakeLevel	地震震级	Double
earthquakeDepth	震源深度	Double
earthquakeTime	地震发生时间	DateTime
dipAngle	倾角	Double
earthquakeLatitude	纬度	Double
earthquakeLongitude	经度	Double
thematicMap	专题图存放路径	String
AssessmentResult	评估结果路径	String
evaluation	空间数据存放路径	String

请求用例：

```
{
    "evaluation": "D:/dsmFile/dataExchange/evaluation/11/",
    "dipAngle": 45.0,
    "pkId": 289,
    "earthquakeLatitude": 40.10,
    "earthquakeName": "2018年9月20日河北廊坊8.0级地震",
    "earthquakeLevel": 6.0,
    "earthquakeDepth": 21.0,
    "thematicMap": "D:/dsmFile/dataExchange/special/11/",
    "earthquakeLongitude": 116.60,
    "earthquakeTime": "2018-09-20 00:00:00",
    "AssessmentResult": "D:/dsmFile/dataExchange/propoasl/11/11.txt"
}
```

返回结果：

```
{
 "data": "触发成功！，
 "msg": "ok",
 "status": "0"
}
```

2.4 辅助决策建议模块功能设计

2.4.1 功能描述

辅助决策建议是在触发结果计算完成后，调用可动态修改的模板，使用easy-poi生成word；基于GIS空间分析技术，以动态表格的形式生成快速评估结果及辅助决策报告word文件。

2.4.1.1 生成快速评估结果功能

基于poi、easy-poi服务端技术，实现动态生成word文件，具体功能包括：

替换图片：根据计算完成结果替换文件内图片。

替换文字：根据生成规则替换烈度、震级、影响范围、影响人数、死亡人数等结果。

替换表格：生成不同烈度范围内的动态表格数据。

2.4.1.2 基于GIS空间分析生成本地化辅助决策结果功能

在本地化数据库构建的基础上，依托GIS服务平台和应用接口，研究和实现本地化对策分析软件模块，针对不同的地震应急场景，为不同用户提供本地化应急辅助决策应用服务。具体的应急对策模块包括：损失快速评估模块、响应规模评估模块、救援力量需求分析模块、救援重点目标分析模块、救援物资需求分析模块、救援道路分析模块、疏散安置分析模块、次生灾害分析模块、自动化制图模块、评估结果空间可视化模块、用户交互服务操作模块、对策报告自动生成模块、对策模板库管理模块，等等。

损失快速评估模块：基于分区分类评估方法和本地化易损性模型研究，生成不同烈度条件下每个公里网格震害损失情况（至少包含人员死亡、建筑物经济损失、生命线经济损失）。在快速评估计算时，根据本地化地震烈度衰减模型，快速生成地震影响场，将地震影响场与损失结果公里网格数据进行叠加分析，快速汇总生成地震灾害损失的快速评估结果。本模块的研究思路如图2-6所示。

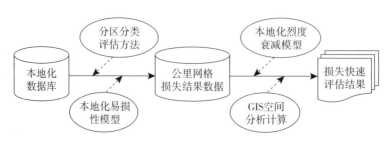

图2-6 损失快速评估模块研究示意图

响应规模评估模块：根据损失快速评估结果，结合本地化地震应急预案和区域联动方案，对灾害规模进行初判，并综合评估分析地震应急响应级别，为地震应急救援行动提供决策依据。本模块的研究思路如图2-7所示。

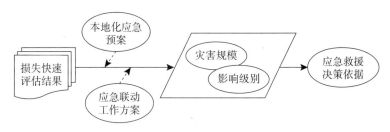

图2-7 响应规模评估模块研究示意图

救援力量需求分析模块：根据损失快速评估结果，计算需要的救援力量；基于GIS空间分析，得到重灾区的分布情况；基于本地化救援力量分布数据进行综合分析研判，给出救援力量的合理分配方案，为有针对性开展救援行动提供决策依据。本模块的研究思路如图2-8所示。

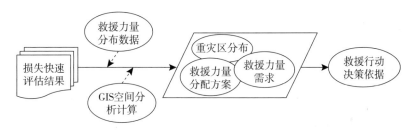

图2-8 救援力量需求分析模块研究示意图

救援重点目标分析模块：在本地化数据库基础上，根据地震影响范围快速评估结果，基于GIS空间分析，提取影响范围内重点目标数据。对重点目标数据进行分类研判，对不同类型重点目标采取不同救援对策建议。比如：针对学校或医院要进行优先排查和搜救，对旅游景点或广场大厦等人口集中区域要加强人员的疏导和安置，对政府机关、金融机构及其他要害保密单位要加强安全保卫工作。本模块的研究思路如图2-9所示。

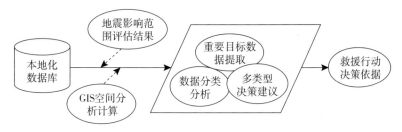

图2-9 救援重点目标分析模块研究示意图

救援物资需求分析模块：根据损失快速评估结果，计算需要的救援物资数量；针对不同地震应急场景和地震灾害规模，给出不同的救援物资配置方案。比如按季节配置救援物资方案、按灾害级别配置救援物资方案等等，为有针对性开展救援行动提供决策依据。本模块的研究思路如图2-10所示。

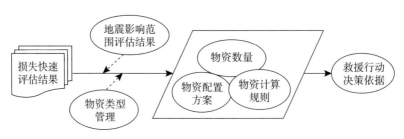

图2-10　救援物资需求分析模块研究示意图

救援道路分析模块：在本地化数据库基础上，根据地震影响范围快速评估结果，基于GIS空间分析，提取影响范围内的道路数据。对不同烈度区内的道路通行能力进行研判，给出道路通行性的决策建议，同时分析最佳救援路线，给出救援路线建议及道路交通管理措施建议。本模块的研究思路如图2-11所示。

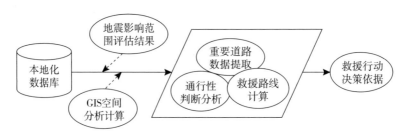

图2-11　救援道路分析模块研究示意图

疏散安置分析模块：将灾害快速评估结果的分布情况进行空间分析和计算；在本地化数据库基础上，根据地震影响范围快速评估结果，基于GIS空间分析，提取影响范围内的原始人口数据和避难场所数据。根据避难场所的容纳能力进行可疏散人口数量的分析判断，给出可就近疏散的安置方案建议。本模块的研究思路如图2-12所示。

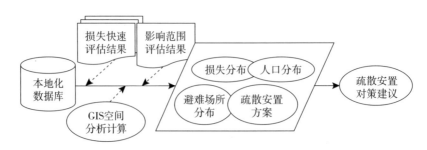

图2-12　疏散安置分析模块研究示意图

次生灾害分析模块：在本地化数据库基础上，根据地震影响范围快速评估结果，基于

GIS空间分析，提取影响范围内的危险源及潜在地质灾害风险点，分析判断可能发生次生灾害的可能性和空间分布情况，为次生灾害的预防和应急处置提供决策信息支持。本模块的研究思路如图2-13所示。

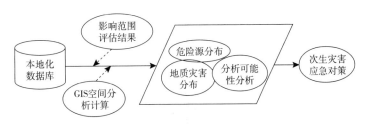

图2-13 次生灾害分析模块研究示意图

自动化制图模块：根据震后应急工作需要，提前制作需要的专题图模板。在地震发生后，基于本地化数据库，实时叠加地震快速评估结果数据，根据预先定义的模板样式，进行自动化批量地制作专题图。为了提高制图速度，基于北京开展的本地化离线制图技术，提前制作专题图预存储底图数据，在制图时进行实时切片数据抽取与拼接，免去空间实时综合制图的过程，可以在极短时间内完成制图输出。本模块的研究思路如图2-14所示。

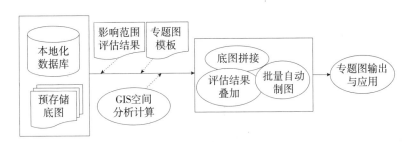

图2-14 自动化制图模块研究示意图

评估结果空间可视化模块：将损失快速评估结果及各应急对策分析结果在GIS地图上进行叠加和显示，通过相关标准或数据分类进行可视化渲染。在各对策模块计算生成文字、图件的基础上，本模块实现各类结果的空间可视化表达，为应急决策提供更形象直观的展示和应用场景。本模块的研究思路如图2-15所示。

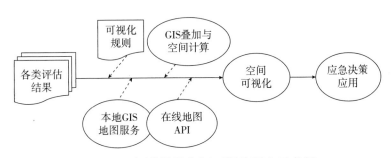

图2-15 评估结果空间可视化研究示意图

用户交互服务操作模块：在各类评估结果空间可视化表达的基础上，根据应急决策指挥的需要，开发和集成用户交互服务功能，为高效便捷的应急指挥提供技术支撑。常用的操作服务包括：空间定位、地图标绘（点、线、面）、空间量测、地图导出，等等。本模块的研究思路如图2-16所示。

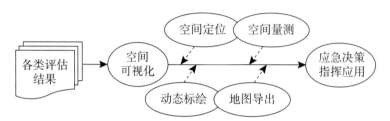

图2-16　用户交互服务操作模块研究示意图

对策报告自动生成模块：上述各对策模块生成的评估计算结果和对策建议，基于本地化定制的模板分类和模板样式，根据需要实时生成不同的对策报告。本模块的研究思路如图2-17所示。

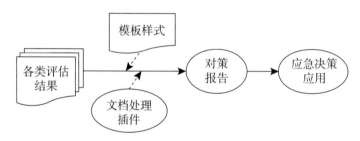

图2-17　对策报告自动生成模块研究示意图

对策模板库管理模块：针对不同应急场景定制不同的对策模板，在应急时能自动根据震情信息抽取合适的对策模板，同时各种对策模板可以人工修改或定制增加。本模块的研究思路图2-18所示。

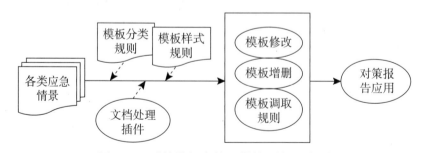

图2-18　对策模板库管理模块研究示意图

2.4.2　功能接口

2.4.2.1　本地化评估辅助决策建议结果

表2-9　请求参数表

参数	说明	数据类型
pk_id	主键id	int
earthquake_name	地震名称	String
earthquake_level	震级	double
earthquake_longitude	震中位置（经度）	String
earthquake_latitude	震中位置（纬度）	String
dip_angle	倾角	double
earthquake_time	时间	datetime
earthquake_depth	深度	double
evaluation_time	评估日期	String
evaluation_people	评估人	String
operation	评估状态	int
template_type	报告模板条目	String
thematicMap_pkid	专题图条目	String
specialChat_route	应急专题图路径	String
evaluation_route	评估结果图路径	String
propoasl_route	决策建议路径	String
localProposl_route	本地决策建议相对路径	String
creation_time	创建时间	datetime
update_time	修改时间	datetime
influence_number	地震影响人数	String
death_number	死亡人数	String
injured_number	受伤人数	String
lifeline_loss	生命线	String
building_loss	建筑物	String
economic_loss	总经济损失	String
intensity	最高烈度	String
intensity_area	烈度影响面积	String

参数	说明	数据类型
creator_pkid	创建人id	String
local_propoasl_route	快速评估结果	String
JSONObject	计算结果	JSONObject

请求用例：

{

"data": {

"condition":{ createTime: 1530776401000,dipAngle: 15,earthquakeDepth: 1500,earthquakeLatitude: 40.0071065,earthquakeLevel: 5.6,earthquakeLongitude: 116.3829477, earthquakeName: 北京朝阳5.6级地震,earthquakeTime: 1530671609000,evaluationPeople: 2,evaluationRoute: null,evaluationTime: 2018-07-04,localpropoaslRoute: null,operation: 1,pkId: 1,propoaslRoute: null,specialchatRoute: null,templateType: 1,2,3,4,thematicmapPkid: 1,3,4,5,6,9,11,txtfileRoute: null,updateTime: 153086599400},

"pageNo": 1,

"pageSize": 20

}

}

返回结果：

True/false

2.4.2.2　辅助决策建议模板建议列表

表2-10　请求参数表

代码	名称	数据类型
pk_id	主键id	int
policy_content	决策内容	String
save_userid	替换的序号	int
state	状态	int
save_time	保存日期	String
creation_time	创建时间	datetime
update_time	修改时间	datetime
policy_number	决策建议替换标题	String
unique	唯一标识	String

请求用例：

```
{
  "data": {
    "condition": { "pkId": 0,
      "state": 0,
      "templateName": "14条建议",
      "templateNumber": 15,
      "templatePath": "/dsmFile/template/AuxiliaryDecision.docx" },
    "pageNo": 1,
    "pageSize": 20
  }
}
```

返回结果：

```
{
  "pageInfo": {
    "currentPageNo": 0,
    "hasNextPage": true,
    "hasPavPage": true,
    "pageList": [
      {
        "pkId": 0,
        "state": 0,
        "templateName": "14条建议",
        "templateNumber": 15,
        "templatePath": "/dsmFile/template/AuxiliaryDecision.docx"
      }
    ],
    "pageNo": 1,
    "pageSize": 10,
    "totalCount": 100,
    "totalPages": 15
  }
}
```

2.4.2.3 删除评估建议模板

表2-11 请求参数表

参数	说明	数据类型
pk_id	主键id	int

参数用例：

```
{
  "data": {
    "pkId": 0
  }
}
```

返回结果：

```
{
  "data": "删除成功",
  "msg": "ok",
  "status": "0"
}
```

2.4.2.4 设置默认模板

表2-12 请求参数表

参数	说明	数据类型
pk_id	主键id	int

参数用例：

```
{
  "data": {
    "pkId": 0
  }
}
```

返回结果：

```
{
  "data": "设置成功",
```

```
  "msg": "ok",
  "status": "0"
}
```

2.4.2.5　查看或修改模板

表2-13　请求参数表

参数	说明	数据类型
Map	PageOffice参数	JSON
Path	原始模板路径	String
TemplateName	模板名称	Stirng
Login_userId	登录用户id	Int

参数用例：

```
{
 Map："",
Path:"/dsmFile/sss.docx",
templateName:"测试模板",
login_userId:1
}
```

返回结果：

```
{
  "empty": true,
  "model": {},
  "modelMap": {},
  "reference": true,
  "status": "100",
  "view": {
    "contentType": "string"
  },
  "viewName": "string"
}
```

2.5 应急专题图快速出图功能设计

2.5.1 功能描述

应急专题图快速出图模块采用C/S模式，设定自动触发机制进行制作出图。

◆ 应急专题图智能产出参数设置

参数设置内容包括：地图底图配置、烈度圈颜色设置、显隐设置、编制信息设置、出图版式设置、距离设置等。

◆ 应急专题图智能产出

自动接收解析地震触发文件，进行应急专题图智能产出，包括：建筑物破坏分布图、人员死亡分布图、生命线破坏分布图、烈度专题图、震中位置图，以及震后不同时段应急专题图。

2.5.1.1 应急专题图参数设置

地图底图配置界面如图2-19所示。

可以制作新的地图底图数据配置到系统中，可以选择不同的地图底图出图方案。

图2-19 地图底图配置界面

烈度圈颜色设置界面如图2-20所示。

设置烈度圈的颜色，外边框的颜色和填充颜色及透明度，可以加载默认配置。

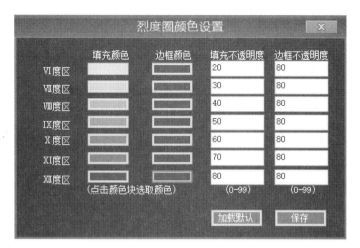

图2-20 烈度圈颜色设置界面

显隐设置界面如图2-21所示。

可以设置应急专题图智能产出图的显示要素，包括：图名、图号、经纬度、比例尺、图例、指北针、投影信息、编制信息、震中位置、影响场、烈度值等要素。

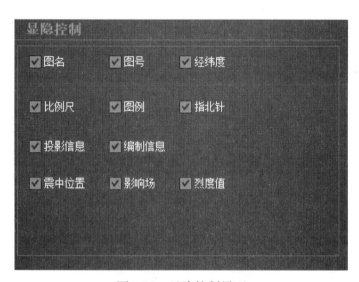

图2-21 显隐控制界面

编制信息设置界面如图2-22所示。

可以设置编制单位和编制人员信息。

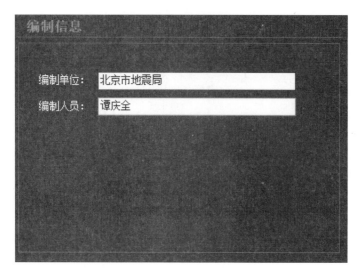

图2-22　编制信息设置界面

出图版式设置界面如图2-23所示。

可以设置出图的版式，选择出图模板进行出图，可以选择出图的级别，也可以不进行设置，根据地震的震级智能计算得到出图的级别。

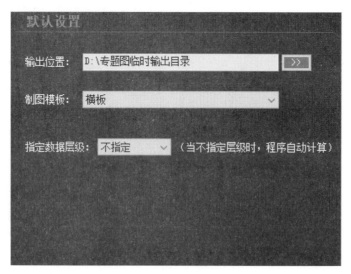

图2-23　出图版式设置界面

距离设置界面如图2-24所示。

设置制作距离专题图时要计算震中到城市的最大距离。

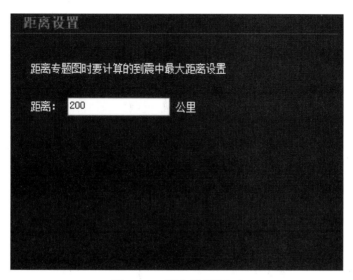

图2-24 距离设置界面

2.5.1.2 应急专题图智能产出

自动接收解析地震触发文件，进行应急专题图智能产出，包括：建筑物破坏分布图、人员死亡分布图、生命线破坏分布图、烈度专题图、震中位置图，以及震后不同时段应急专题图。输出结果如图2-25所示。

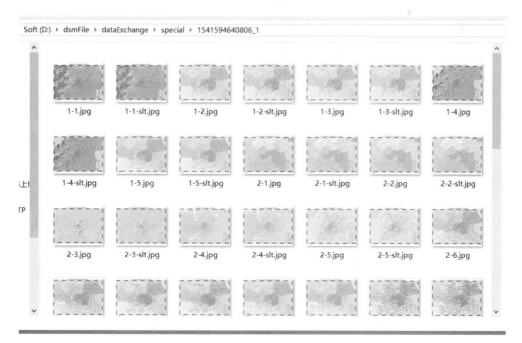

图2-25 专题图输出结果

2.5.2 功能接口

应急专题图自动制作需要的参数主要包括：记录id、地震名称、地震震级、震源深度、地震发生时间、倾角、纬度、经度、专题图存放路径、评估结果路径、空间数据存放路径。

表2-14 制图请求参数

参数	说明	类型
pkId	记录id	String
earthquakeName	地震名称	String
earthquakeLevel	地震震级	Double
earthquakeDepth	震源深度	Double
earthquakeTime	地震发生时间	DateTime
dipAngle	倾角	Double
earthquakeLatitude	纬度	Double
earthquakeLongitude	经度	Double
thematicMap	专题图存放路径	String
AssessmentResult	评估结果路径	String
evaluation	空间数据存放路径	String

请求用例：

```
{
    "evaluation": "D:/dsmFile/dataExchange/evaluation/11/",
    "dipAngle": 45.0,
    "pkId": 289,
    "earthquakeLatitude": 40.10,
    "earthquakeName": "2018年9月20日河北廊坊8.0级地震",
    "earthquakeLevel": 6.0,
    "earthquakeDepth": 21.0,
    "thematicMap": "D:/dsmFile/dataExchange/special/11/",
    "earthquakeLongitude": 116.60,
    "earthquakeTime": "2018-09-20 00:00:00",
    "AssessmentResult":
```

"D:/dsmFile/dataExchange/propoasl/11/11.txt"

}

表2-15　震后专题图件列表

图号	图名	描述
1.1	震中位置图	震后1小时内
1.2	影响估计范围分布图	
1.3	震区历史地震分布图	
1.4	北京水库分布图	
1.5	震区油气管线分布图	
2.1	余震分布图	震后2~3小时
2.2	强震动记录分布图	
2.3	震中与主要城市距离分布图	
2.4	震区地质图	
2.5	北京交通图	
2.6	北京学校分布图	
2.7	北京医院分布图	
2.8	震区潜在地质灾害分布图	
2.9	震区危险源分布图	
2.10	震区烈度区划图	
2.11	震区地震动峰值加速度区划图	
2.12	震区GDP图	
2.13	震区人口分布图	
2.14	北京市城区疏散场地分布图	
3.1	余震分布图	震后3~4小时
3.2	灾情信息分布图	
4.1	余震分布图	震后5~8小时
4.2	灾情信息分布图	
5.1	余震分布图	震后8小时以后
5.2	现场调查点分布图	
5.3	灾情信息分布图	
5.4	烈度分布图	

图号	图名	描述
T.1	北京市行政区划图	
T.2	北京市监测台站分布图	
T.3	北京市地震断裂分布图	
T.4	北京市重要目标分布图	震后综合应急自定义图件
T.5	北京市潜在震源分布图	
T.6	北京市坡度分布图	
T.7	北京市遥感影像图	

2.6 地震应急运维管理模块功能设计

2.6.1 功能描述

2.6.1.1 运维文档管理功能

具体功能包括：

新建日志：通过点击备选模板部分的相应模板，即可实现该模板的在线word编辑，编辑好的文档通过点击在线编辑的保存按钮，文档会自动存入已修改模板。

新建日志上传至ftp：点击上传按钮，可以实现对修改的模板进行ftp上传操作，可以自定义上传时间。

搜索功能：在列表页可以通过对上传时间与上传人的搜索快速定位需要查找的数据。

统计图查看功能：通过点击统计图得到每个人上传ftp的次数柱状图统计。

列表页查看已上传文件功能：在列表页的表格中，可以看到每次上传的对应文档，点击文档，可以实现在线回显查看。

2.6.1.2 "十五"系统集成调度

具体功能包括：

新建：通过填写震中经纬度和震级可以搜索到与本次搜索条件最接近的有关数据，5个文档会在页面下方展示，可以对这5个文档进行一一编辑。

上传：对编辑好的文档，在选择了时间和期数后可以点击上传按钮上传至ftp。

搜索功能：在列表页可以通过对上传时间与上传人的搜索快速定位需要查找的数据。

统计图查看功能：通过点击统计图可得到每个人上传ftp的次数柱状图统计。

2.6.1.3 应急值班

具体功能包括：

申请替班：点击申请替班按钮可以选择自己值班的日期和需要替班的人员，选择完毕之后，会有对应的消息发送给需要替班的人员；点击消息处理按钮，可以查看此条替班申请的消息状态。

申请换班：点击申请换班按钮可以选择自己值班的日期和需要换班的人员，选择完毕之后，会有对应的消息发送给需要换班的人员；点击消息处理按钮，可以查看此条换班申请的消息状态。

消息处理功能：点击消息处理按钮，可以处理与登录用户有关的信息，并且可以看到自己所有的换班以及替班记录。

统计图查看功能：通过点击统计图可以得到每个人在长节假日、双休日以及工作日的值班次数的统计图。

查询功能：通过选择值班日期，可以对选择的日期进行快速查询，查询到的结果会在下方以柱形图的方式展示出来。

2.6.1.4 月度总结

具体功能包括：

新建：点击新建按钮可以填写月度总结，填写完毕后，选择所填写月份，即可保存此条总结。

查询：通过输入月度总结日期可以快速查询所输入月份的数据，搜索结果会以列表的方式展示在页面中。

2.6.2 功能接口

2.6.2.1 运维文档查询显示

表2-16 请求参数表

参数	说明	数据类型
pk_id	主键id	int
CreateName	操作人	int
templateNames	模板名称	int
date	操作日期	String
batch	批次	String
Number	个数	Int

请求用例:

```
{
 "data": {
  "condition":{"createName": "",
 "date": "2018-09-14",
 "number": 2,
 "templateNames": "大厅使用日志-195",
 "userId": 13},
  "pageNo": 1,
  "pageSize": 20
 }
}
```

返回结果:

```
{
 "msg": "ok",
 "data": {
  "currentPageNo": 1,
  "hasNextPage": false,
  "hasPavPage": false,
  "pageList": [
   {
    "date": "2018-10-18",
    "number": 1,
    "templateNames": "测试模板",
    "userId": 1,
    "createName": "系统管理员"
   },
   {
    "date": "2018-10-17",
    "number": 1,
    "templateNames": "巡检工作日志-240",
    "userId": 94,
    "createName": "系统管理员"
```

```
  },
  {
    "date": "2018-10-18",
    "number": 1,
    "templateNames": "周运维工作总结-238",
    "userId": 94,
    "createName": "系统管理员"
  },
  {
    "date": "2018-10-18",
    "number": 1,
    "templateNames": "周运维工作总结-234",
    "userId": 93,
    "createName": "系统管理员"
  },
  {
    "date": "2018-10-10",
    "number": 1,
    "templateNames": "巡检工作日志-233",
    "userId": 93,
    "createName": "系统管理员"
  },
  {
    "date": "2018-10-17",
    "number": 1,
    "templateNames": "巡检工作日志-231",
    "userId": 93,
    "createName": "系统管理员"
  },
  {
    "date": "2018-10-18",
    "number": 1,
    "templateNames": "巡检工作日志-229",
```

```
    "userId": 93,
    "createName": "系统管理员"
  },
  {
    "date": "2018-09-28",
    "number": 1,
    "templateNames": "测试123-227",
    "userId": 1,
    "createName": "系统管理员"
  },
  {
    "date": "2018-09-28",
    "number": 1,
    "templateNames": "测试123-226",
    "userId": 1,
    "createName": "系统管理员"
  },
  {
    "date": "2018-09-28",
    "number": 1,
    "templateNames": "测试123-225",
    "userId": 1,
    "createName": "系统管理员"
  },
  {
    "date": "2018-09-28",
    "number": 1,
    "templateNames": "测试123-224",
    "userId": 1,
    "createName": "系统管理员"
  },
  {
    "date": "2018-09-25",
```

```
    "number": 2,
    "templateNames": "巡检工作日志-222，周运维工作总结-223",
    "userId": 1,
    "createName": "系统管理员"
  },
  {
    "date": "2018-09-08",
    "number": 2,
    "templateNames": "巡检工作日志-219，周运维工作总结-220",
    "userId": 1,
    "createName": "系统管理员"
  },
  {
    "date": "2018-09-21",
    "number": 1,
    "templateNames": "大厅使用日志-217",
    "userId": 1,
    "createName": "系统管理员"
  },
  {
    "date": "2018-09-14",
    "number": 3,
      "templateNames": "大厅使用日志-202，巡检工作日志-203，周运维工作总
结-204",
      "userId": 1,
      "createName": "系统管理员"
  },
  {
    "date": "2018-09-14",
    "number": 5,
      "templateNames": "大厅使用日志-197，大厅使用日志-198，巡检工作日志-199，
巡检工作日志-200，周运维工作总结-201",
      "userId": 1,
```

```
            "createName": "系统管理员"
        },
        {
            "date": "2018-09-15",
            "number": 2,
            "templateNames": "大厅使用日志-195，巡检工作日志-196",
            "userId": 1,
            "createName": "系统管理员"
        },
        {
            "date": "2018-09-14",
            "number": 2,
            "templateNames": "大厅使用日志-193，巡检工作日志-194",
            "userId": 1,
            "createName": "系统管理员"
        },
        {
            "date": "2018-09-14",
            "number": 2,
            "templateNames": "大厅使用日志-191，巡检工作日志-192",
            "userId": 1,
            "createName": "系统管理员"
        },
        {
            "date": "2018-09-06",
            "number": 1,
            "templateNames": "大厅使用日志-190",
            "userId": 1,
            "createName": "系统管理员"
        }
    ],
    "pageNo": 1,
    "pageSize": 20,
    "totalCount": 40,
```

```
  "totalPages": 2
 },
 "status": 0
}
```

2.6.2.2　上传运维文档至FTP

表2-17　请求参数表

参数	说明	数据类型
DateParam	上传日期	int

参数用例:

```
{
 "data": {
"DateParam ": 2018-09-09
 }
}
```

返回结果:

```
{
 "data": "上传至FTP成功！"
 "msg": "ok",
 "status": "0"
}
```

2.6.2.3　运维文档柱状图统计

表2-18　请求参数表

参数	说明	数据类型
earthquakeName	上传人姓名	String
dateEnd	结束时间	String
dateStr	起始时间	String
differemce	区别	String

参数用例:

```
{
 "data": {
  "createName": "1",
```

```
    "dateEnd": "2018-07-06 14:22:32",

    "dateStr": "2018-07-06 14:22:32",

    "difference": "1"

  }

}
```

返回结果:

```
{

  "msg": "ok",

  "data": [

    {

      "realName": "系统管理员",

      "次数": 21

    },

    {

      "realName": "郁璟贻",

      "次数": 1

    },

    {

      "realName": "谭庆全",

      "次数": 2

    }

  ],

  "status": 0

}
```

2.6.2.4 查看或编辑运维文档

表2-19 请求参数表

参数	说明	数据类型
Map	PageOffice参数	JSON
Path	原始模板路径	String
TemplateName	模板名称	Stirng
Login_userId	登录用户id	Int

参数用例：

```
{
 Map："",
Path:"/dsmFile/sss.docx",
templateName:"测试模板",
login_userId:1
}
```

返回结果：

```
{
  "empty": true,
  "model": {},
  "modelMap": {},
  "reference": true,
  "status": "100",
  "view": {
    "contentType": "string"
  },
  "viewName": "string"
}
```

2.6.2.5　发起换班申请

表2-20　请求参数表

参数	说明	数据类型
applicantScheduleId	申请人要换班的信息主键id	int
respondentScheduleId	被申请人的信息主键id	int
respondentUserId	被申请人主键id	int
userId	申请人主键id	int

参数用例：

```
{
  "data": {
    "applicantScheduleId": 5,
    "respondentScheduleId": "5",
```

```
    "respondentUserId": 5,
    "userId": 5
  }
}
```

返回结果：

```
{
  "data": "换班已申请",
  "msg": "ok",
  "status": 0
}
```

2.6.2.6 发起替班申请

表2-21 请求参数表

参数	说明	数据类型
userId	替班申请人主键id	Integer
respondentUserId	替班被申请人主键id	Integer
applicantScheduleId	替班申请人的排班信息主键id	Integer

请求用例：

{"userId":16,"respondentUserId":31,"applicantScheduleId":1143}

返回结果：

```
{
  "msg": "ok",
"status": 0
}
```

2.6.2.7 处理换班申请

表2-22 请求参数表

参数	说明	数据类型
scheduleChangeLogId	换班申请信息主键id	Long
isAgreeFlag	是否同意换班	Integer

请求用例：

{"scheduleChangeLogId":"1","isAgreeFlag":1}

返回结果：

{

"msg": "ok",

"status": 0

}

2.6.2.8　处理替班申请

表2–23　请求参数表

参数	说明	数据类型
scheduleChangeLogId	替班申请信息主键id	Long
isAgreeFlag	是否同意替班	Integer

请求用例：

{"scheduleChangeLogId":"2","isAgreeFlag":1}

返回结果：

{

"msg": "ok",

"status": 0

}

2.6.2.9　月度总结列表

表2–24　请求参数表

参数	说明	数据类型
DateStr	起始时间	String
dateEnd	结束时间	String

请求用例：

{

"data": {

"condition": {},

"pageNo": 1,

```
    "pageSize": 20
  }
}
返回结果:
{
 "msg": "ok",
 "data": {
  "currentPageNo": 1,
  "hasNextPage": true,
  "hasPavPage": false,
  "pageList": [
   {
       "contentMessage": "<p>测试内容<span style=\"font-weight: bold;\">测试内容</
span></p>",
       "createTime": "2018-10-19 17:48:01.0",
       "date": "2018-12",
       "pkId": 10,
       "updateTime": null,
       "userId": "系统管理员"
   },
   {
     "contentMessage": "测试内容",
     "createTime": "2018-10-19 18:11:22.0",
     "date": "2018-12",
     "pkId": 15,
     "updateTime": null,
     "userId": "系统管理员"
   },
   {
     "contentMessage": "132132145644874878",
     "createTime": "2018-10-19 14:19:46.0",
     "date": "2018-11",
     "pkId": 8,
```

```
      "updateTime": null,
      "userId": "系统管理员"
    },
    {
      "contentMessage": "1213132",
      "createTime": "2018-10-19 14:17:53.0",
      "date": "2018-10",
      "pkId": 7,
      "updateTime": null,
      "userId": "系统管理员"
    },
    {
      "contentMessage": "测试内容",
      "createTime": "2018-10-19 18:09:29.0",
      "date": "2018-10",
      "pkId": 12,
      "updateTime": null,
      "userId": "发发"
    }
  ],
  "pageNo": 1,
  "pageSize": 5,
  "totalCount": 18,
  "totalPages": 4
},
"status": 0
}
```

2.6.2.10 添加月度总结

表2-25 请求参数表

参数	说明	数据类型
Date	填报时间	String
contentMessage	内容	String
userId	用户主键	Stirng

请求用例：

```
{
  "data": {
    "contentMessage": "内容",
    "date": "2018-08",
    "userId": "1"
  }
}
```

返回结果：

```
{
  "msg ": "添加成功",
  "status": 0
}
```

2.6.2.11 "十五"系统计算结果列表显示

表2-26 请求参数表

参数	说明	数据类型
Date	上传时间	String
createName	姓名	String
earthquake_level	震级	double
earthquake_longitude	震中位置（经度）	String
earthquake_latitude	震中位置（纬度）	String
Batch	批次	String

请求用例：

```
{ "data": { "depth": "15", "latitude": "39.500000", "level": "5.2", "longitude": "116.300000"
}}
```

返回结果：

```
{
  "msg": "ok",
  "data": {
    "currentPageNo": 1,
    "hasNextPage": false,
    "hasPavPage": false,
```

```
"pageList": [
  {
    "date": "2019-12-10",
    "earthquakeLatitude": 40,
    "earthquakeLevel": 4,
    "batch": "45424",
    "triggerPath": "/dsmFile/triggerZip/20180920122710.zip",
    "earthquakeLongitude": 115,
    "createName": "系统管理员"
  },
  {
    "date": "2018-10-31",
    "earthquakeLatitude": 39.56,
    "earthquakeLevel": 7.6,
    "batch": "1",
    "triggerPath": "/dsmFile/triggerZip/20181018162101.zip",
    "earthquakeLongitude": 116.32,
    "createName": "系统管理员"
  },
  {
    "date": "2018-10-31",
    "earthquakeLatitude": 45.3,
    "earthquakeLevel": 5.2,
    "batch": "45",
    "triggerPath": "/dsmFile/triggerZip/20181018162604.zip",
    "earthquakeLongitude": 119.6,
    "createName": "谭庆全"
  },
  {
    "date": "2018-10-18",
    "earthquakeLatitude": 41,
    "earthquakeLevel": 7,
    "batch": "668",
```

```
      "triggerPath": "/dsmFile/triggerZip/20181018152528.zip",
      "earthquakeLongitude": 114.6,
      "createName": "系统管理员"
    },
    {
      "date": "2018-10-18",
      "batch": "7d83fdb3-13cb-46d8-a60d-834a47011382",
      "triggerPath": "/dsmFile/emergency/2018-10-18_1/dt20181018.docx",
      "createName": "系统管理员"
    },
    {
      "date": "2018-10-18",
      "earthquakeLatitude": 40,
      "earthquakeLevel": 6,
      "batch": "666",
      "triggerPath": "/dsmFile/triggerZip/20181018152023.zip",
      "earthquakeLongitude": 116.5,
      "createName": "系统管理员"
    },
    {
      "date": "2018-10-18",
      "earthquakeLatitude": 39.12,
      "earthquakeLevel": 8.5,
      "batch": "",
      "triggerPath": "/dsmFile/triggerZip/20181018155541.zip",
      "earthquakeLongitude": 116.56,
      "createName": "系统管理员"
    },
    {
      "date": "2018-10-18",
      "earthquakeLatitude": 41.5,
      "earthquakeLevel": 6,
      "batch": "116",
```

```
      "triggerPath": "/dsmFile/triggerZip/20181018151603.zip",
      "earthquakeLongitude": 116.4,
      "createName": "系统管理员"
    },
    {
      "date": "2018-10-18",
      "earthquakeLatitude": 39,
      "earthquakeLevel": 6,
      "batch": "777",
      "triggerPath": "/dsmFile/triggerZip/20181018153030.zip",
      "earthquakeLongitude": 116,
      "createName": "郁璟贻"
    },
    {
      "date": "2018-10-17",
      "batch": "35062958-e008-4cc0-a52f-313166ee67fd",
      "triggerPath": "/dsmFile/emergency/2018-10-18_94/dt20181017.docx",
      "createName": "系统管理员"
    }
  ],
  "pageNo": 1,
  "pageSize": 10,
  "totalCount": 29,
  "totalPages": 3
},
"status": 0
}
```

2.6.2.12 "十五"系统计算结果查询匹配

表2-27 请求参数表

参数	说明	数据类型
Date	上传时间	String
createName	姓名	String

续表

参数	说明	数据类型
earthquake_level	震级	double
earthquake_longitude	震中位置（经度）	String
earthquake_latitude	震中位置（纬度）	String
Batch	批次	String

请求用例：

{ "data": { "depth": "15", "latitude": "39.500000", "level": "5.2", "longitude": "116.300000" } }

返回结果：

{
　"msg": "ok",
　"data": {
　"earthquakeLevel": "5.2",
　"filePath": "/dsmFile/triggerZip/20181023113514",
　"batch": "45",
　"earthquakeLongitude": "116.3000000",
　"灾情报告文档模型.doc": "/dsmFile/triggerZip/20181023113514/灾情报告文档模型.doc",
　"标准化指挥决策报告.ppt": "/dsmFile/triggerZip/20181023113514/标准化指挥决策报告.ppt",
　"earthquakeLatitude": "39.5000000",
　"标准化指挥决策报告.doc": "/dsmFile/triggerZip/20181023113514/标准化指挥决策报告.doc",
　"templateName": "标准化指挥决策报告.doc,标准化指挥决策报告.ppt,灾情报告文档模型.doc,震区基本文档模型.doc,地震触发记录表.docx",
　"earthquakeDepth": "0.0",
　"zipName": "20180920112307",
　"震区基本文档模型.doc": "/dsmFile/triggerZip/20181023113514/震区基本文档模型.doc",
　"地震触发记录表.docx": "/dsmFile/triggerZip/20181023113514/地震触发记录表.docx"

```
},
    "status": 0
}
```

2.6.2.13 "十五"系统计算结果上传至FTP

表2-28　请求参数表

参数	说明	数据类型
Date	上传时间	String
createName	姓名	String
earthquake_level	震级	double
earthquake_longitude	震中位置（经度）	String
earthquake_latitude	震中位置（纬度）	String
Batch	批次	String

请求用例：

{ "data": { "earthquakeDepth": "15.0", "earthquakeLatitude": "39.5000000", "earthquakeLevel": "5.2", "earthquakeLongitude": "116.3000000", "filePath": "/dsmFile/ triggerZip/20171208000000", "zipName": "20180801111133", "fillDate": "20180101" "batch":"105" } }

返回结果：

```
{
    "msg": "ok",
    "data": 上传成功,
    "status": 0
}
```

2.6.2.14 "十五"系统计算结果查看及编辑

表2-29　请求参数表

参数	说明	数据类型
Map	PageOffice参数	JSON
TemplateName	模板名称	Stirng
Login_userId	登录用户id	Int

参数用例：

```
{
 Map："",
Path:"/dsmFile/sss.docx",
templateName:"测试模板",
login_userId:1
}
```

返回结果：

```
{
"empty": true,
  "model": {},
  "modelMap": {},
  "reference": true,
  "status": "100",
  "view": {
    "contentType": "string"
  },
  "viewName": "string"
}
```

2.7　B/S管理后台功能设计

2.7.1　功能描述

2.7.1.1　登录日志功能

该模块主要是用来记录登录本平台的用户的有关信息。记录信息包括登录时间、登录IP、登录人以及使用的终端设备，具体功能包括：

记录功能：本模块主要记录用户每次登录平台的有关信息，在表格中对登录时间、登录IP、登录人、以及使用的终端设备都有详细的记录。

查询功能：通过输入的登录时间和登录人的搜索条件可以快速定位需要的数据，并对查询结果进行列表显示。

2.7.1.2　专题图设置功能

通过点击每张图片后的开关控制按钮，实现该专题图是否在页面中显示；也可以通过点击每一个阶段前的选择框，实现是否展示该阶段的图片。修改完成后，点击保存按钮，修改结果开始生效。

2.7.1.3　值班管理功能

该模块可以实现对工作日、双休日以及长节假日值班顺序的设置，还可以对排班日期进行控制，具体功能包括：

（1）生成值班表

点击生成值班表按钮，在弹出框中可以选择排班日期的开始时间与结束时间，在选好时间之后点击确定按钮，就可以完成设定时间内排班表的设置。

（2）设置值班顺序

在本模块的页面中，通过三个列表分别呈现工作日、双休日以及长节假日的值班顺序。对于任何一个列表的值班顺序，都可以通过选中想要修改的人员，上下拖拽该人员姓名的方式修改值班顺序。设置完成后，点击保存按钮，设置结果开始生效。

2.7.1.4　节假日管理功能

该模块可以实现对工作日、短节假日以及长节假日的日期进行设置。具体功能如下：

对日期进行设置：将需要修改的日期选中，比如将5月1~3日设置为短节假日，可以在页面中先点击5月1日的日期，然后点击5月3日的日期，就可以选中1~3日的日期，然后点击修改日期类型按钮，在弹出框中选择短节假日，这三天即会被标记为短节假日。长节假日与工作日的操作同上。但是，历史日期无法进行修改。

2.7.1.5　用户管理功能

该模块可以添加新用户，也可以对现有用户进行修改、查看、删除，还可以通过搜索条件快速查询自己想要的用户数据。具体功能包括：

（1）新增用户

点击新增按钮，在弹出框中填写必填信息后，点击确定添加按钮可以完成新用户的添加操作。

（2）查看用户信息

在表格的每一行的操作列都有查看按钮，点击该按钮。会有弹出框展示该用户的详细信息。

（3）修改用户信息

在表格的每一行的操作列都有修改按钮，点击该按钮，会有弹出框展示该用户的现有信息，可以对需要修改的信息进行更改操作，更新好数据后点击确定修改按钮，可以实现对该用户信息的修改。

（4）删除用户

在表格的每一行的操作列都有删除按钮，点击该按钮，则会删除该用户的信息。

（5）查询功能

在表格的上方有搜索框，可以在搜索框中输入自己想要查找的用户信息，然后点击查询按钮，可以得到与搜索条件匹配的信息，并且以表格的形式展示在页面中。

2.7.1.6 基础数据管理功能

该模块可以对医院、学校、桥梁、避难场所、重点目标、旅游景点、危险源等基础数据进行增删改查，具体功能包括：

添加功能：首先在数据导航条中选择某类数据，然后点击新增，弹出框中填写必填信息后，点击确定按钮即可完成新数据的添加。添加的新数据信息会在表格中呈现。

修改功能：在表格的每一行的操作列都有修改按钮，点击该按钮，会有弹出框展示该行数据的现有信息，可对需要修改的信息进行更改操作，更新完成后点击确定按钮，可以实现对该信息的修改。

删除功能：在表格的每一行的操作列都有删除按钮，点击该按钮，可以实现对该行数据的删除操作。

查询功能：在表格的上方有搜索框，可以在搜索框中输入条件，然后点击查询按钮，可以得到与搜索条件匹配的信息，并且以表格的形式展示在页面中。此搜索条件对所有的基础数据有效。比如输入纬度39.5°~40.5°，会查询到纬度在该范围的所有基础数据。

2.7.1.7 辅助决策建议模板功能

该模块可以对模板进行新增、启用、修改、删除的操作，具体功能包括：

新增功能：点击新增按钮，在弹出框中填写新模板的名称，点击确定按钮会打开在线word编辑器，此时可以编辑新模板的格式和文档内容；编辑完成之后点击保存按钮，完成新模板的创建。

修改功能：在表格的每一行的操作列都有修改按钮，点击该按钮，会打开在线word编辑器，可以对已有的模板进行修改；修改完毕，点击保存按钮，即可完成现有模板的修改。

启用功能：在表格每一行的模板状态列有启用与未启用按钮，点击该按钮，可以启用该模板，之前启用的模板自动停止。

删除功能：在表格的每一行的操作列都有删除按钮，点击该按钮，可实现该模板的删除操作。

2.7.1.8 ftp设置功能

该模块可以对ftp模板进行新增、修改、删除的操作，具体功能包括：

新增功能：点击新增按钮，弹出框中填写必填信息后，点击确定添加按钮可以完成新ftp数据的添加操作。

修改功能：在表格的每一行的操作列都有修改按钮，点击该按钮，在弹出框中显示该ftp的现有信息，可以对需要修改的信息进行更改操作，更新好数据后点击确定修改按钮，完成对该条ftp信息的修改。

删除功能：在表格的每一行的操作列都有删除按钮，点击该按钮，可实现对ftp模板数据的删除操作。

2.7.1.9 意见反馈统计功能

该模块可以查看用户对本平台的反馈意见。进入该模块后首先看到的是一个表格，表格中呈现的数据有：界面友好、操作便利、功能完整、数据全面、整体满意度、反馈意见5项指标的分值以及用户的评价时间。点击统计图按钮可以查看可视化的意见反馈统计图。

2.7.1.10 意见反馈功能

该模块可以填写使用本平台后的意见反馈，分别从界面友好、操作便利、功能完整、数据全面、整体满意度这5项指标进行评价；还可以在文本框中填写自己的意见与建议；最后，点击提交按钮即可完成意见反馈。

2.7.1.11 图层管理功能

基于JavaScript客户端技术，实现图层数据管理功能，具体功能包括：

◆ 图层显隐控制：设置数据图层显隐控制开关，根据用户选择，可查看不同的图层内容。

◆ 注记图层控制：地名、注记等文本标注信息的显示和隐藏切换功能。

◆ 图层显示层级控制：控制不同图层之间的叠加显示效果，按点状要素在上，线状、面状图层在下的原则。

◆ 图层透明度控制：选择不同的图层，通过设置图层显示透明度，获取较好的叠加显示效果。

2.7.1.12 图形属性关联查询功能

通过点击图层和图斑对象，查询图斑属性，或关联的属性表，数据项内容以弹出窗口形式展示。属性表结构根据数据分类、数据元数据及展示要求进行设置。

◆ 综合查询分析功能

开发WebGIS专题查询功能，具体的查询方式包括以下几方面：

按区域查询：依据行政区划列表、数据资源目录等不同的导航设置，提供对地理基础数据、专题数据内容的地图查询服务，查询结果以地图、表格、统计图等形式进行可视化显示。

按类型、级别查询：依据地震专题数据的分类和分级标准，实现基于条件查询功能，对不同地区、不同数据类型的数据进行查询检索。

快速查询：输入关键字进行不同类别数据资源的快速查询，显示结果为与关键字匹配的数据进行地图标注与展示，以列表和专题图的方式展示查询结果。

2.7.2 功能接口

2.7.2.1 登录日志查询功能

表2-30 请求参数表

参数	说明	数据类型
createTimeStart	登录时间开始范围	String
createTimeEnd	登录时间结束范围	String
realName	真实姓名	String

请求用例:

```
{
 "data": {
   "condition": "{"createTimeStart": "2018-07-06 14:22:32","createTimeEnd": "2018-07-06
14:22:32","realName ": "张三",}",
   "pageNo": 1,
   "pageSize": 20
 }
}
```

返回结果:

```
{
 "msg": "ok",
 "data": {
  "currentPageNo": 1,
  "hasNextPage": false,
  "hasPavPage": false,
  "pageList": [
   {
    "createTime": "2018-10-23 13:28:09.0",
    "loginCode": "69106A0BED2602BDD0CB73FFEC5348F7",
    "loginIp": "192.168.1.154",
    "loginState": 0,
    "pkId": 298,
    "realName": "系统管理员",
```

```
    "type": 0,
    "updateTime": "2018-10-23 13:58:09.0",
    "userId": 1
  },
  {
    "createTime": "2018-10-23 13:27:55.0",
    "loginCode": "69106A0BED2602BDD0CB73FFEC5348F7",
    "loginIp": "192.168.1.154",
    "loginState": 1,
    "pkId": 297,
    "realName": "谭庆全",
    "type": 0,
    "updateTime": "2018-10-23 13:28:07.0",
    "userId": 96
  },
  {
    "createTime": "2018-10-23 11:21:48.0",
    "loginCode": "D09E3F286F9E91E577B241A19A5C63A8",
    "loginIp": "192.168.1.102",
    "loginState": 0,
    "pkId": 296,
    "realName": "系统管理员",
    "type": 0,
    "updateTime": "2018-10-23 11:51:48.0",
    "userId": 1
  },
  {
    "createTime": "2018-10-23 10:45:03.0",
    "loginCode": "E248BC420FFD7FA80049129AD1F906EA",
    "loginIp": "192.168.1.154",
    "loginState": 0,
    "pkId": 295,
    "realName": "系统管理员",
```

```
  "type": 0,
  "updateTime": "2018-10-23 11:15:03.0",
  "userId": 1
},
{
  "createTime": "2018-10-23 10:42:07.0",
  "loginCode": "5BB6D722C28EE9E759A78E6D22CA0F92",
  "loginIp": "0:0:0:0:0:0:0:1",
  "loginState": 0,
  "pkId": 294,
  "realName": "系统管理员",
  "type": 0,
  "updateTime": "2018-10-23 11:12:07.0",
  "userId": 1
},
{
  "createTime": "2018-10-23 10:01:08.0",
  "loginCode": "5A2EB9CFBF6F2099386F05E7020F541B",
  "loginIp": "0:0:0:0:0:0:0:1",
  "loginState": 0,
  "pkId": 293,
  "realName": "系统管理员",
  "type": 0,
  "updateTime": "2018-10-23 10:31:08.0",
  "userId": 1
},
{
  "createTime": "2018-10-23 09:36:54.0",
  "loginCode": "269B5C799246D4713EB8AF777080B1AA",
  "loginIp": "192.168.1.99",
  "loginState": 0,
  "pkId": 292,
  "realName": "系统管理员",
```

```
    "type": 0,
    "updateTime": "2018-10-23 10:06:54.0",
    "userId": 1
  },
  {
    "createTime": "2018-10-23 09:12:55.0",
    "loginCode": "89B7CAAA036267E54267517A9FBD7CF3",
    "loginIp": "0:0:0:0:0:0:0:1",
    "loginState": 0,
    "pkId": 291,
    "realName": "系统管理员",
    "type": 0,
    "updateTime": "2018-10-23 09:42:55.0",
    "userId": 1
  },
  {
    "createTime": "2018-10-22 18:14:50.0",
    "loginCode": "C7FD3E43ADFE61B925FF2ECD10482C01",
    "loginIp": "192.168.1.99",
    "loginState": 0,
    "pkId": 290,
    "realName": "系统管理员",
    "type": 0,
    "updateTime": "2018-10-22 18:44:50.0",
    "userId": 93
  },
  {
    "createTime": "2018-10-22 18:14:17.0",
    "loginCode": "C7FD3E43ADFE61B925FF2ECD10482C01",
    "loginIp": "192.168.1.99",
    "loginState": 1,
    "pkId": 289,
    "realName": "系统管理员",
```

```
    "type": 0,
    "updateTime": "2018-10-22 18:14:42.0",
    "userId": 1
  }
 ],
 "pageNo": 1,
 "pageSize": 10,
 "totalCount": 296,
 "totalPages": 30
},
 "status": 0
}
```

2.7.2.2　设置专题图页面展示

表2-31　请求参数表

参数	说明	数据类型
Pkid	主键id	String

请求用例:

```
{
 "data": {
  "pkid": [
   0
  ]
 }
}
```

返回结果:

```
{
 "data": "设置成功",
 "msg": "ok",
 "status": "0"
}
```

2.7.2.3　修改日历日期类型

表2-32　请求参数表

参数	说明	数据类型
Pkid	日期主键id	String
difDay	日期类型	Stirng

请求用例：

{'data':[{'pkid':'17','difDay':'0/1/2（工作日/小节假日/长节假日）'},{}]}

返回结果：

{

　"msg": "ok",

　"data":修改成功,

　"status": 0

}

2.7.2.4　添加用户满意度调查

表2-33　请求参数表

参数	名称	数据类型
id	主键	int
friendly_interface	界面友好	int
conveninet_operation	操作便利	int
perfect_function	功能完善	int
comprehensive_data	数据全面	int
overall_satisfation	整体满意度	int
proposal	建议与意见	String

请求用例：

{

　"data": {

　　"comprehensiveData": 5,

　　"conveninetOperation": 5,

　　"createTime": "yyyy-mm-dd hh:ss",

```
    "friendlyInterface": 5,

    "overallSatisfation": 5,

    "perfectFunction": 5,

    "pkId": 0,

    "proposal": "没有意见，一切都很棒"

  }

}
```

返回结果：

```
{

  "data": "添加成功",

  "msg": "ok",

  "status": "0"

}
```

2.7.2.5　查询用户列表

表2-34　请求参数表

参数	名称	数据类型
user_name	登录名称	String
password	登录密码	String
real_name	姓名	String
sex	性别	int
phone_number	电话号码	String
post_name	职务	String
department	科室	String
is_enabled	是否启用	int
is_beOnDuty	是否参与值班	int
beOnDuty_order	值班排序	int
is_operations	是否参与运维工作	int

请求用例：

```
{

  "data": {

    "condition": "{\"参数1\":\"值\"}",
```

```
    "pageNo": 1,
    "pageSize": 20
  }
}
```
返回结果：
```
{
  "msg": "ok",
  "data": {
    "currentPageNo": 1,
    "hasNextPage": false,
    "hasPavPage": false,
    "pageList": [
      {
        "beOnDutyOrder": 15,
        "createTime": 1537847328000,
        "department": "震防中心",
        "isBeOnDuty": 1,
        "isEnabled": 0,
        "isOperations": null,
        "passWord": "e10adc3949ba59abbe56e057f20f883e",
        "phoneNumber": "",
        "pkId": 88,
        "postName": "震防中心",
        "realName": "谢弘臻",
        "sex": 0,
        "updateTime": 1537847641000,
        "userName": ""
      },
      {
        "beOnDutyOrder": 14,
        "createTime": 1537847295000,
        "department": "震防中心",
        "isBeOnDuty": 1,
```

```
    "isEnabled": 0,
    "isOperations": null,
    "passWord": "e10adc3949ba59abbe56e057f20f883e",
    "phoneNumber": "",
    "pkId": 87,
    "postName": "震防中心",
    "realName": "郁璟贻",
    "sex": 1,
    "updateTime": 1539846905000,
    "userName": ""
  },
  {
    "beOnDutyOrder": 13,
    "createTime": 1537845074000,
    "department": "震防中心",
    "isBeOnDuty": 1,
    "isEnabled": 0,
    "isOperations": 1,
    "passWord": "c56d0e9a7ccec67b4ea131655038d604",
    "phoneNumber": "15011172357",
    "pkId": 86,
    "postName": "震防中心",
    "realName": "谭庆全",
    "sex": 0,
    "updateTime": 1539846449000,
    "userName": "15011172357"
  },
  {
    "beOnDutyOrder": 12,
    "createTime": 1537845038000,
    "department": "震防中心",
    "isBeOnDuty": 1,
    "isEnabled": 0,
```

      "isOperations": null,

      "passWord": "e10adc3949ba59abbe56e057f20f883e",

      "phoneNumber": "",

      "pkId": 85,

      "postName": "震防中心",

      "realName": "罗桂纯",

      "sex": 1,

      "updateTime": 1537847649000,

      "userName": ""

    },

    {

      "beOnDutyOrder": 11,

      "createTime": 1537845020000,

      "department": "震防中心",

      "isBeOnDuty": 1,

      "isEnabled": 0,

      "isOperations": null,

      "passWord": "e10adc3949ba59abbe56e057f20f883e",

      "phoneNumber": "",

      "pkId": 89,

      "postName": "震防中心",

      "realName": "康现栋",

      "sex": 0,

      "updateTime": 1537845020000,

      "userName": ""

    },

    {

      "beOnDutyOrder": 10,

      "createTime": 1537845009000,

      "department": "震防中心",

      "isBeOnDuty": 1,

      "isEnabled": 0,

      "isOperations": null,

```
        "passWord": "e10adc3949ba59abbe56e057f20f883e",
        "phoneNumber": "",
        "pkId": 84,
        "postName": "震防中心",
        "realName": "阎婷",
        "sex": 1,
        "updateTime": 1537845009000,
        "userName": ""
      },
      {
        "beOnDutyOrder": 9,
        "createTime": 1537844963000,
        "department": "震防中心",
        "isBeOnDuty": 1,
        "isEnabled": 0,
        "isOperations": null,
        "passWord": "e10adc3949ba59abbe56e057f20f883e",
        "phoneNumber": "",
        "pkId": 83,
        "postName": "震防中心",
        "realName": "刘影",
        "sex": 0,
        "updateTime": 1537844963000,
        "userName": ""
      },
      {
        "beOnDutyOrder": 8,
        "createTime": 1537844929000,
        "department": "震防中心",
        "isBeOnDuty": 1,
        "isEnabled": 0,
        "isOperations": null,
        "passWord": "e10adc3949ba59abbe56e057f20f883e",
```

```json
    "phoneNumber": "",
    "pkId": 82,
    "postName": "震防中心",
    "realName": "姜连艳",
    "sex": 0,
    "updateTime": 1537844929000,
    "userName": ""
  },
  {
    "beOnDutyOrder": 7,
    "createTime": 1537844867000,
    "department": "震防中心",
    "isBeOnDuty": 1,
    "isEnabled": 0,
    "isOperations": null,
    "passWord": "e10adc3949ba59abbe56e057f20f883e",
    "phoneNumber": "",
    "pkId": 81,
    "postName": "震防中心",
    "realName": "王飞",
    "sex": 0,
    "updateTime": 1537844896000,
    "userName": ""
  },
  {
    "beOnDutyOrder": 6,
    "createTime": 1537844840000,
    "department": "震防中心",
    "isBeOnDuty": 1,
    "isEnabled": 0,
    "isOperations": null,
    "passWord": "e10adc3949ba59abbe56e057f20f883e",
    "phoneNumber": "",
```

    "pkId": 80,

    "postName": "震防中心",

    "realName": "孙佳珺",

    "sex": 0,

    "updateTime": 1537844892000,

    "userName": ""

  },

  {

    "beOnDutyOrder": 5,

    "createTime": 1537844803000,

    "department": "震防中心",

    "isBeOnDuty": 1,

    "isEnabled": 0,

    "isOperations": null,

    "passWord": "e10adc3949ba59abbe56e057f20f883e",

    "phoneNumber": "",

    "pkId": 79,

    "postName": "震防中心",

    "realName": "赵帅",

    "sex": 0,

    "updateTime": 1537844890000,

    "userName": ""

  },

  {

    "beOnDutyOrder": 4,

    "createTime": 1537844600000,

    "department": "震防中心",

    "isBeOnDuty": 1,

    "isEnabled": 0,

    "isOperations": null,

    "passWord": "e10adc3949ba59abbe56e057f20f883e",

    "phoneNumber": "",

    "pkId": 78,

```
    "postName": "震防中心",
    "realName": "孟勇琦",
    "sex": 0,
    "updateTime": 1537844755000,
    "userName": ""
  },
  {
    "beOnDutyOrder": 3,
    "createTime": 1537844345000,
    "department": "震防中心",
    "isBeOnDuty": 1,
    "isEnabled": 0,
    "isOperations": null,
    "passWord": "e10adc3949ba59abbe56e057f20f883e",
    "phoneNumber": "",
    "pkId": 77,
    "postName": "震防中心",
    "realName": "赵梓宏",
    "sex": 0,
    "updateTime": 1537844752000,
    "userName": ""
  },
  {
    "beOnDutyOrder": 2,
    "createTime": 1537844302000,
    "department": "震防中心",
    "isBeOnDuty": 1,
    "isEnabled": 0,
    "isOperations": null,
    "passWord": "e10adc3949ba59abbe56e057f20f883e",
    "phoneNumber": "",
    "pkId": 76,
    "postName": "震防中心",
```

```
        "realName": "王玉婷",
        "sex": 1,
        "updateTime": 1537844752000,
        "userName": ""
      },
      {
        "beOnDutyOrder": 1,
        "createTime": 1537844247000,
        "department": "震防中心",
        "isBeOnDuty": 1,
        "isEnabled": 0,
        "isOperations": null,
        "passWord": "e10adc3949ba59abbe56e057f20f883e",
        "phoneNumber": "",
        "pkId": 75,
        "postName": "震防中心",
        "realName": "薄涛",
        "sex": 0,
        "updateTime": 1537844751000,
        "userName": ""
      }
    ],
    "pageNo": 1,
    "pageSize": 20,
    "totalCount": 20,
    "totalPages": 1
  },
  "status": 0
}
```

2.7.2.6　系统用户修改密码

表2-35　请求参数表

参数	名称	数据类型
OriginalPassword	原始密码	String
Password	新密码	String

请求用例:

```
{
 "data": {
  "originalPassword": "string",
  "password": "string"
 }
}}
```

返回结果:

```
{
 "msg": "ok",
 "data": 修改成功,
 "status": 0
}
```

2.7.2.7　添加系统用户

表2-36　请求参数表

参数	名称	数据类型
user_name	登录名称	String
password	登录密码	String
real_name	姓名	String
sex	性别	int
phone_number	电话号码	String
post_name	职务	String
department	科室	String
is_enabled	是否启用	int
is_beOnDuty	是否参与值班	int

参数	名称	数据类型
beOnDuty_order	值班排序	int
is_operations	是否参与运维工作	int

请求用例：

```
{
  "data": {
    "beOnDutyOrder": 4,
    "department": "震防中心",
    "isBeOnDuty": 0,
    "isOperations": 0,
    "passWord": "123456",
    "phoneNumber": "18801010101",
    "pkId": 0,
    "postName": "主任",
    "realName": "李XX",
    "sex": 0,
    "userName": "lyl123"
  }
}
```

返回结果：

```
{
  "msg": "ok",
  "data": 添加成功,
  "status": 0
}
```

2.7.2.8 修改系统用户

表2-37 请求参数表

参数	名称	数据类型
user_name	登录名称	String
password	登录密码	String

参数	名称	数据类型
real_name	姓名	String
sex	性别	int
phone_number	电话号码	String
post_name	职务	String
department	科室	String
is_enabled	是否启用	int
is_beOnDuty	是否参与值班	int
beOnDuty_order	值班排序	int
is_operations	是否参与运维工作	int

请求用例：

```
{
 "data": {
  "beOnDutyOrder": 4,
  "department": "震防中心",
  "isBeOnDuty": 0,
  "isOperations": 0,
  "passWord": "123456",
  "phoneNumber": "18801010101",
  "pkId": 0,
  "postName": "主任",
  "realName": "李XX",
  "sex": 0,
  "userName": "lyl123"
 }
}
```

返回结果：

```
{
 "msg": "ok",
 "data": 修改成功,
```

```
"status": 0
}
```

2.7.2.9　根据pkid删除用户

表2-38　请求参数表

参数	说明	数据类型
pkId	主键id	int

请求用例：

```
{
  "data": {
    "pkId": 0
  }
}
```

返回结果：

```
{
  "msg": "ok",
  "data": 删除成功,
  "status": 0
}
```

2.7.2.10　系统新增FTP模板

表2-39　请求参数表

参数	名称	数据类型
template_name	模板名称	String
template_route	模板路径	String
floder_name	文件夹名	String
ftp_path	ftp上传文件路径	String
ftpIP	ftpIP	String
ftp用户名	ftp用户名	String
ftp密码	ftp密码	String
ftp端口	ftp端口	String
creation_time	创建时间	datetime
update_time	修改时间	datetime

请求用例：

```
{
  "data": {
    "floderName": "dh20180111.docx",
    "ftpHost": "192.168.1.196",
    "ftpPassword": "123456",
    "ftpPath": "/年份/年月/周运维/大厅使用日志",
    "ftpPort": "21",
    "ftpUsername": "admin",
    "pkId": 0,
    "templateName": "大厅使用",
    "templateRoute": "/dsm/s"
  }
}
```

返回结果：

```
{
  "msg": "ok",
  "data": 添加成功,
  "status": 0
}
```

2.7.2.11　系统修改FTP模板

表2-40　请求参数表

参数	名称	数据类型
template_name	模板名称	String
template_route	模板路径	String
floder_name	文件夹名	String
ftp_path	ftp上传文件路径	String
ftpIP	ftpIP	String
ftp用户名	ftp用户名	String
ftp密码	ftp密码	String
ftp端口	ftp端口	String
creation_time	创建时间	datetime
update_time	修改时间	datetime

请求用例：

```
{
  "data": {
    "floderName": "dh20180111.docx",
    "ftpHost": "192.168.1.196",
    "ftpPassword": "123456",
    "ftpPath": "/年份/年月/周运维/大厅使用日志",
    "ftpPort": "21",
    "ftpUsername": "admin",
    "pkId": 0,
    "templateName": "大厅使用",
    "templateRoute": "/dsm/s"
  }
}
```

返回结果：

```
{
  "msg": "ok",
  "data": 修改成功,
  "status": 0
}
```

2.7.2.12　根据pkId删除FTP模板

表2-41　请求参数表

参数	说明	数据类型
pkId	主键id	int

请求用例：

```
{
  "data": {
    "pkId": 0
  }
}
```

返回结果：

```
{
```

```
"msg": "ok",

"data": 删除成功,

"status": 0

}
```

2.7.2.13 添加意见反馈

表2-42 请求参数表

参数	名称	数据类型
id	主键	int
friendly_interface	界面友好	int
conveninet_operation	操作便利	int
perfect_function	功能完善	int
comprehensive_data	数据全面	int
overall_satisfation	整体满意度	int
proposal	建议与意见	String

请求用例：

```
{

 "data": {

  "comprehensiveData": 5,

  "conveninetOperation": 5,

  "createTime": "yyyy-mm-dd hh:ss",

  "friendlyInterface": 5,

  "overallSatisfation": 5,

  "perfectFunction": 5,

  "pkId": 0,

  "proposal": "没有意见，一切都很棒"

 }

}
```

返回结果：

```
{

 "data": "添加成功",

 "msg": "ok",

 "status": "0"

}
```

2.8 移动端APP功能设计

2.8.1 功能描述

2.8.1.1 快速评估

输入地震参数触发快速评估功能。主要参数有震中经纬度、地震震级、长轴方向、震源深度、发生时间等。基于这些参数，点击"生成名称"，将按中国地震局行业技术规范自动生成地震的名称，最后将触发信息提交到服务器进行快速评估计算。

表2-43 触发参数表

输入参数	参数范围
经度	中国经度范围
纬度	中国纬度范围
地震震级	2~9.9级
长轴方向	0°~180°
震源深度	≥0千米
发生时间	格式为yyyy-mm-dd hh:mm:ss
地震名称	格式为时间+地点+震级

在输入经纬度时可以点击地图图标进入地图页面，通过拖动地图选择经纬度，相关页面如图2-26、图2-27所示。

图2-26 填写地震信息表单　　图2-27 根据当前定位选择经纬度

2.8.1.2 评估结果列表

评估结果列表功能可以列出所有用户提交的地震快速评估结果。列表根据评估结果分为已完成和未完成，根据用户区分是否为"我的"触发信息。对于已完成的评估结果，点击可以查看结果详情。评估结果列表页面如图2-28所示。

表2-44 查询参数表

显示参数	参数说明
地震级别	范围为2~9.9级
地震名称	格式为时间+地点+震级
震中位置	格式为经度+纬度
震源深度	≥0千米
长轴方向	范围为0°~180°

图2-28 评估结果列表

2.8.1.3 查询评估结果

根据地震名称中的关键字、只看自己和只看已完成3个条件进行组合查询地震评估结果，如图2-29所示。

图2-29　评估结果查询

2.8.1.4　评估详情

对于已完成的地震评估结果，点击地震名称可以查看该评估结果的详细信息，如图2-30所示。

图2-30　评估结果详情

2.8.1.5　查看值班表

值班表可以显示从当前月份开始的每个月员工的值班情况，如图2-31所示。

图2-31 值班日历表

2.8.1.6 申请换班

将当前月内、当前日后自己的值班日期和其他人进行交换,第一步选择当前月内、当前日后自己的值班日期,第二步选择对方的当前月内、当前日后的日期,最后提交换班申请,操作界面如图2-32、图2-33所示。

图2-32 申请换班操作提示图

图2-33 申请换班操作确认提示

2.8.1.7　申请替班

值班人员申请由其他人替自己值班，第一步选择自己当前月内、当前日后的值班日期，第二步选择请哪位同事替班，相关操作页面如图2-34、图2-35、图2-36所示。

图2-34　替班操作提示　　图2-35　替班操作选择值班人员列表

图2-36　替班操作确认

2.8.1.8　换班历史

根据已处理和未处理，分为两个换班历史记录，如果是别人向自己申请的消息会显示同意或拒绝两个按钮，如果是自己向别人申请的则自己没有审批权限，如图2-37所示。

图2-37 换班历史记录

2.8.1.9 我的资料

在我的资料功能模块，可以显示当前用户的姓名、部门和手机号码，还可以进行修改密码或退出应用等操作，如图2-38所示。

图2-38 我的资料

2.8.2 功能接口

2.8.2.1 快速评估

表2-45 请求参数表

类名	方法定义	参数说明	功能说明
cn.gistone. earthquakeassess. fragment. XinzengFragmen	getAddress	url——接口地址 earthquakeLatitude——震中纬度 earthquakeLongitude——震中经度	获取地震发生位置的逆地理编码，用来生成地震名称
	addPinggu	url——接口地址 earthquakeTime——地震发生时间 dipAngle——长轴方向 earthquakeDepth——震源深度 earthquakeLatitude——震中纬度 earthquakeLevel——地震级别 earthquakeLongitude——震中经度 name——用户姓名 userId——用户id token——用户登录token evaluateTitle——地震名称	提交一条新的地震信息到后台进行评估

输入参数：

a. 地图选择经纬度

b. 地震经度

c. 地震纬度

d. 地震震级

e. 长轴方向

f. 震源深度

g. 发生时间

h. 地震名称

返回结果：

a. 经度不能为空弹框提示

b. 纬度不能为空弹框提示

c. 请输入正确的经度弹框提示

d. 请输入正确的纬度弹框提示

e. 震级不能为空弹框提示

f. 震级范围为2~10级弹框提示

g. 长轴方向不能为空弹框提示

h. 地震发生时间不能为空弹框提示

i. 地震名称不能为空弹框提示

2.8.2.2 评估结果列表

表2-46 请求参数表

类名	方法定义	参数说明	功能说明
cn.gistone. earthquakeassess. fragment. PingGuFragment	getPingguList	url——接口地址 pageNo——请求的列表页数 pagesize——每页请求数据的条数 token——用户登录token	查询符合条件的所有的地震数据

输入参数：无

返回结果：

a. 符合条件的所有的地震数据

b. 评估未完成不能查看详情弹框提示

c. 评估失败不能查看详情弹框提示

2.8.2.3 查询评估结果

表2-47 请求参数表

类名	方法定义	参数说明	功能说明
cn.gistone. earthquakeassess. activity. PingguSearchActivity	getPingguList	url——接口地址 pageNo——请求的列表页数 pagesize——每页请求数据的条数 evaluateTitle——地震名称关键字 operation——评估状态 userid——用户id token——用户登录token	根据地震名称中的关键字、只看自己和只看已完成3个条件查询地震评估结果

输入参数：

a. 地震名称关键字

b. 是否只看自己开关

c. 是否只看已完成开关

返回结果：

a.查询评估列表

2.8.2.4　评估详情

表2-48　请求参数表

类名	方法定义	参数说明	功能说明
cn.gistone. earthquakeassess. activity. PingguDetailActivity	downloadDeatils	无	下载详情页中的地图截屏图片，包括决策建议word、评估结果word和所有专题图
	setDatas	earthquakeBean– 上一个页面传过来的详情的Javabean	显示所有详情的数据，地震名称、地震位置地图、发生时间、震中位置、地震级别、震源深度、长轴方向、最高烈度、死亡人数、受影响人数、建筑物损失、生命线损失、快速评估结果、地震决策建议、应急专题图

输入参数：无

返回结果：

a. 确定要保存该条评估所有详情提示弹框

b. 地震名称

c. 地震位置地图

d. 发生时间

e. 震中位置

f. 地震级别

g. 震源深度

h. 长轴方向

i. 最高烈度

j. 死亡人数

k. 受影响人数

l. 建筑物损失

m. 生命线损失

n. 快速评估结果（word文档）

o. 地震决策建议（word文档）

p. 应急专题

2.8.2.5 查看值班表

表2-49 请求参数表

类名	方法定义	参数说明	功能说明
cn.gistone.earthquakeassess.fragment.ZhiBanFragment	getZhibanList	url——接口地址 Year——年份 Month——月份	返回根据参数年份和参数月份查询到的值班日历表及值班人员姓名

输入参数：无

返回结果：从当前月份开始的每个月值班日历表

2.8.2.6 申请换班

表2-50 请求参数表

类名	方法定义	参数说明	功能说明
cn.gistone.earthquakeassess.fragment.ZhiBanFragment	sendHuanbanMsg	url——接口地址 userId——用户id respondentUserId——被申请人id applicantScheduleId——换班信息id respondentScheduleId——排班信息id token——用户登录token	向服务器提交换班申请

输入参数：

a.选择当前月内、当前日后自己的值班日期

b.选择对方的当前月内、当前日后的值班日期

返回结果：

a.换班第一步提示弹框

b.换班第二步提示弹框

c.换班确认提示弹框

2.8.2.7 申请替班

表2-51 请求参数表

类名	方法定义	参数说明	功能说明
cn.gistone.earthquakeassess.fragment.ZhiBanFragment	sendTibanMsg	url——接口地址 userId——用户id respondentUserId——替班被申请人id applicantScheduleId——排班信息id token——用户登录token	向服务器提交替班申请

输入参数：

a.当前月内、当前日后自己的值班日期

b.选择值班人员姓名列表

返回结果：

a.替班第一步提示弹框

b.替班第二步所有值班人员姓名列表

c.替班确认提示弹框

2.8.2.8　替班换班历史

表2-52　请求参数表

类名	方法定义	参数说明	功能说明
cn.gistone. earthquakeassess.activity. MyHuanbanListActivity	getHuanbanList	url——接口地址 userId——用户主键id Token——用户登录token	查询我的换班/替班申请和被申请相关信息记录
cn.gistone. earthquakeassess.adapter. HuanbanAdapter	handleTiBan	url——接口地址 scheduleChangeLogId——替班申请信息id isAgreeFlag——是否同意替班 userId——用户主键id Token——用户登录token	处理替班消息
	handleHuanBan	url——接口地址 scheduleChangeLogId——换班申请信息id isAgreeFlag——是否同意换班 userId——用户id Token——用户登录token	处理换班消息

输入参数：

a.同意或拒绝

返回结果：

a.我的换班申请和被申请相关信息记录

b.我的替班申请和被申请相关信息记录

c.我的换班替班申请记录数

2.8.2.9　我的资料

表2-53　请求参数表

类名	方法定义	参数说明	功能说明
cn.gistone.earthquakeassess. fragment .MyFragment	initView	userId——用户id	显示用户信息
cn.gistone.earthquakeassess. activity .ModifyPasswordActivity	modifyPassword	url——接口地址 username——用户姓名 password——原始密码 newPassword——新密码	修改密码

输入参数：

a. 原始密码

b. 新密码

c. 重复新密码

d. 退出

返回结果：

a. 用户真实姓名

b. 用户所在科室

c. 用户手机号码

2.9　数据库存储设计

一个系统的建设和运行，离不开后台数据库的支撑。为了满足本系统中数据管理、模型计算、运维值班、后台管理等不同功能的需求，进行了详细的数据库存储设计。主要包括乡镇数据表、村庄数据表、危险源数据表、学校数据表、医院数据表、重点目标数据表、桥梁数据表、避难场所数据表、旅游景点数据表、专题图表、值班人员顺序表、"十五"系统评估结果记录表、应急工作模板表、应急值班记录表、移动端token表、apk版本信息表、评估记录表、辅助决策建议模板表、日历表、排班表、排班变化日志表、月度总结表、系统用户表、系统日志记录表、登录日志表、用户满意度调查表，等等。另外，系统使用的历史地震、公里网格数据等作为空间数据的形式提供服务，在此不再展示介绍。

2.9.1 乡镇数据表

表2-54 乡镇数据表（county_town）

名称	含义	数据类型	是否为主键	是否必填
pk_id	主键id	int(11)	FALSE	TRUE
longitude	经度	decimal(20,17)	FALSE	TRUE
latitude	纬度	decimal(20,17)	FALSE	TRUE
name	名称	varchar(200)	FALSE	FALSE
district	所属区	varchar(200)	FALSE	FALSE

2.9.2 村庄数据表

表2-55 村庄数据表（village）

名称	含义	数据类型	是否为主键	是否必填
pk_id	主键id	int(11)	FALSE	FALSE
name	名称	varchar(200)	FALSE	FALSE
conuntry_town	所属乡镇	varchar(200)	FALSE	FALSE
district	所属区	varchar(200)	FALSE	FALSE
longitude	经度	decimal(20,17)	FALSE	FALSE
latitude	纬度	decimal(20,17)	FALSE	FALSE

2.9.3 危险源数据表

表2-56 危险源数据表（hazard_source）

名称	含义	数据类型	是否为主键	是否必填
pk_id	主键id	int(11)	FALSE	TRUE
longitude	经度	decimal(20,17)	FALSE	TRUE
latitude	纬度	decimal(20,17)	FALSE	TRUE
location	位置	varchar(255)	FALSE	FALSE
name	名称	varchar(255)	FALSE	FALSE
type	类型	varchar(255)	FALSE	FALSE
feature	特征	varchar(255)	FALSE	FALSE

2.9.4 学校数据表

表2-57 学校数据表（school）

名称	含义	数据类型	是否为主键	是否必填
pk_id	主键id	int(11)	FALSE	FALSE
name	名称	int(11)	FALSE	FALSE
district	所属区	int(11)	FALSE	FALSE
longitude	经度	decimal(20,17)	FALSE	FALSE
latitude	纬度	decimal(20,17)	FALSE	FALSE

2.9.5 医院数据表

表2-58 医院数据表（hospital）

名称	含义	数据类型	是否为主键	是否必填
pk_id	主键id	int(11)	FALSE	FALSE
name	名称	varchar(200)	FALSE	FALSE
level	级别	varchar(200)	FALSE	FALSE
district	所属区	varchar(200)	FALSE	FALSE
longitude	经度	decimal(20,17)	FALSE	TRUE
latitude	纬度	decimal(20,17)	FALSE	TRUE

2.9.6 重点目标数据表

表2-59 重点目标数据表（key_target）

名称	含义	数据类型	是否为主键	是否必填
pk_id	主键id	int(11)	TRUE	TRUE
target_name	目标名称	varchar(500)	FALSE	FALSE
district	所属区	decimal(20,5)	FALSE	FALSE
longitude	经度	decimal(20,17)	FALSE	TRUE
latitude	纬度	decimal(20,17)	FALSE	TRUE

2.9.7 桥梁数据表

表2-60　桥梁数据表（bridge）

名称	含义	数据类型	是否为主键	是否必填
pk_id	主键id	int(11)	TRUE	TRUE
name	名称	varchar(500)	FALSE	FALSE
district	所属区	decimal(20,5)	FALSE	FALSE
longitude	经度	decimal(20,17)	FALSE	TRUE
latitude	纬度	decimal(20,17)	FALSE	TRUE

2.9.8 避难场所数据表

表2-61　避难场所数据表（refuge）

名称	含义	数据类型	是否为主键	是否必填
pk_id	主键id	int	TRUE	TRUE
name	名称	varchar(500)	FALSE	FALSE
area	面积	decimal(20,5)	FALSE	FALSE
num_people	容纳人数	int	FALSE	FALSE
longitude	经度	decimal(20,17)	FALSE	FALSE
latitude	纬度	decimal(20,17)	FALSE	FALSE
road	道路	varchar(500)	FALSE	FALSE
region	所属区	varchar(100)	FALSE	FALSE
build_time	建造年	varchar(100)	FALSE	FALSE
type	类型	varchar(100)	FALSE	FALSE
category	类别	int(11)	FALSE	FALSE
total_area	总面积	double	FALSE	FALSE
pits_area	棚宿区面积	double	FALSE	FALSE
evacuate_number	疏散人数	double	FALSE	FALSE

2.9.9 旅游景点数据表

表2-62 旅游景点数据表（scenic_spot）

名称	含义	数据类型	是否为主键	是否必填
pk_id	主键id	int(11)	FALSE	TRUE
longitude	经度	decimal(20,17)	FALSE	TRUE
latitude	纬度	decimal(20,17)	FALSE	TRUE
spot_name	景点名称	varchar(200)	FALSE	FALSE
spot_adress	景点地址	varchar(200)	FALSE	FALSE
spot_telephone	景点电话	varchar(200)	FALSE	FALSE
spot_type	景点类型	varchar(200)	FALSE	FALSE

2.9.10 专题图表

表2-63 专题图表（thematic_map）

名称	含义	数据类型	是否为主键	是否必填
pk_id	主键id	int	TRUE	TRUE
thematic_name	专题名称	varchar(200)	FALSE	FALSE
thematic_number	专题序号	varchar(200)	FALSE	FALSE
global_configuration	全局配置	int	FALSE	FALSE
thematic_type	类型	int	FALSE	TRUE
is_enabled	是否开启	int	FALSE	FALSE

2.9.11 值班人员顺序表

表2-64 值班人员顺序表（be_on_duty_order）

名称	含义	数据类型	是否为主键	是否必填
pk_id	主键id	int(11)	FALSE	TRUE
user_id	用户主键id	int	FALSE	FALSE
real_name	真实姓名	varchar(200)	FALSE	FALSE
phone_number	电话号码	varchar(200)	FALSE	FALSE
post_name	职务	varchar(200)	FALSE	FALSE
department	部门	varchar(200)	FALSE	FALSE

名称	含义	数据类型	是否为主键	是否必填
working_day_order	工作日值班顺序	int(11)	FALSE	FALSE
double_workend_order	双休日值班顺序	int(11)	FALSE	FALSE
holiday_order	节假日值班顺序	int(11)	FALSE	FALSE
creation_time	创建时间	datetime	FALSE	TRUE
update_time	修改时间	datetime	FALSE	TRUE

2.9.12 "十五"系统评估结果记录表

表2-65 "十五"系统评估结果记录表（trigger_record）

名称	含义	数据类型	是否为主键	是否必填
pk_id	主键id	int(11)	FALSE	TRUE
earthquake_level	震级	double	FALSE	FALSE
earthquake_longitude	震中经度	decimal(20,17)	FALSE	FALSE
earthquake_latitude	震中纬度	decimal(20,17)	FALSE	FALSE
earthquake_depth	深度	double	FALSE	FALSE
creation_time	创建时间	datetime	FALSE	FALSE
update_time	修改时间	datetime	FALSE	FALSE
zip_name	压缩名称	int(11)	FALSE	FALSE

2.9.13 应急工作模板表

表2-66 应急工作模板表（emergency_work）

名称	含义	数据类型	是否为主键	是否必填
pk_id	主键id	int	TRUE	TRUE
template_name	模板名称	varchar(200)	FALSE	TRUE
template_route	模板路径	varchar(200)	FALSE	FALSE
floder_name	文件夹名	varchar(20)	FALSE	TRUE
ftp_path	ftp路径	varchar(20)	FALSE	FALSE
ftp_IP	ftpIP	varchar(20)	FALSE	FALSE
ftp_user	ftp用户名	varchar(20)	FALSE	FALSE
ftp_password	ftp密码	varchar(20)	FALSE	FALSE

续表

名称	含义	数据类型	是否为主键	是否必填
ftp_port	ftp端口	varchar(20)	FALSE	FALSE
creation_time	创建时间	datetime	FALSE	FALSE
update_time	修改时间	datetime	FALSE	FALSE

2.9.14　应急值班工作记录表

表2-67　应急值班工作记录表（emergencywork_record）

名称	含义	数据类型	是否为主键	是否必填
pk_id	主键id	int	TRUE	TRUE
user_id	操作人userid	int	FALSE	TRUE
template_id	模板id	int	FALSE	TRUE
date	操作日期	varchar(20)	FALSE	TRUE
creation_time	创建时间	datetime	FALSE	TRUE
update_time	修改时间	datetime	FALSE	TRUE
word_url	文件全路径路径	varchar(255)	FALSE	TRUE
word_name	文件上传名称	varchar(255)	FALSE	FALSE
ftp_state	是否上传成功	int	FALSE	FALSE
batch	批次	varchar(255)	FALSE	FALSE

2.9.15　移动端token表

表2-68　移动端token表（mobile_token）

名称	含义	数据类型	是否为主键	是否必填
pk_id	主键id	int(11)	TRUE	TRUE
user_name	用户账号	varchar(20)	FALSE	TRUE
token	token信息	varchar(255)	FALSE	TRUE
expire_time	过期时间	datetime	FALSE	TRUE
update_time	更新时间	datetime	FALSE	TRUE

2.9.16 apk版本信息表

表2-69　apk版本信息表（apk_version）

名称	含义	数据类型	是否为主键	是否必填
pk_id	主键id	int(11)	TRUE	TRUE
apk_url	安装包存放路径	varchar(255)	FALSE	TRUE
update_apk_time	更新时间	datetime	FALSE	TRUE
latest_version	最新版本号	double	FALSE	TRUE
last_version	上一个版本号	double	FALSE	TRUE
change_log	更新内容描述	varchar(255)	FALSE	TRUE

2.9.17 评估记录表

表2-70　评估记录表（evaluation_records）

名称	含义	数据类型	是否为主键	是否必填
pk_id	主键id	int	TRUE	TRUE
earthquake_name	地震名称	varchar(200)	FALSE	FALSE
earthquake_level	震级	double	FALSE	FALSE
earthquake_longitude	震中经度	decimal(20,17)	FALSE	FALSE
earthquake_latitude	震中纬度	decimal(20,17)	FALSE	FALSE
dip_angle	倾角	double	FALSE	FALSE
earthquake_time	时间	datetime	FALSE	FALSE
earthquake_depth	深度	double	FALSE	FALSE
evaluation_time	评估日期	varchar(50)	FALSE	FALSE
evaluation_people	评估人	varchar(200)	FALSE	FALSE
operation	评估状态	int	FALSE	FALSE
template_type	模板类型	varchar(200)	FALSE	FALSE
thematicMap_pkid	专题图编号	varchar(200)	FALSE	FALSE
specialChat_route	专题图路径	varchar(200)	FALSE	FALSE
evaluation_route	结果图路径	varchar(200)	FALSE	FALSE
propoasl_route	建议路径	varchar(200)	FALSE	FALSE

续表

名称	含义	数据类型	是否为主键	是否必填
localPropoasl_route	本地路径	varchar(200)	FALSE	FALSE
txtFile_route	txt文件路径	varchar(200)	FALSE	FALSE
creation_time	创建时间	datetime	FALSE	FALSE
update_time	修改时间	datetime	FALSE	FALSE
influence_number	影响人数	varchar(200)	FALSE	FALSE
death_number	死亡人数	varchar(200)	FALSE	FALSE
injured_number	受伤人数	varchar(200)	FALSE	FALSE
lifeline_loss	生命线	varchar(200)	FALSE	FALSE
building_loss	建筑物	varchar(200)	FALSE	FALSE
economic_loss	总经济损失	varchar(200)	FALSE	FALSE
intensity	最高烈度	varchar(200)	FALSE	FALSE
intensity_area	影响面积	varchar(200)	FALSE	FALSE
result_data	计算端结果	varchar(200)	FALSE	FALSE
creator_pkid	创建人id	varchar(200)	FALSE	FALSE
local_proposal_route	评估结果	varchar(200)	FALSE	FALSE

2.9.18　辅助决策建议模板表

表2-71　辅助决策建议模板表（template_content）

名称	含义	数据类型	是否为主键	是否必填
pk_id	主键id	int(11)	TRUE	TRUE
policy_content	决策内容	varchar(500)	FALSE	FALSE
save_userid	替换的序号	int(11)	FALSE	FALSE
state	状态	int(11)	FALSE	FALSE
save_time	保存日期	varchar(200)	FALSE	FALSE
creation_time	创建时间	datetime	FALSE	FALSE
update_time	修改时间	datetime	FALSE	FALSE
policy_number	建议标题	varchar(200)	FALSE	FALSE
unique	规则标识	varchar(200)	FALSE	FALSE

2.9.19 日历表

表2-72 日历表（date_data）

名称	含义	数据类型	是否为主键	是否必填
pk_id	主键id	int(11)	FALSE	TRUE
creation_time	创建时间	datetime	FALSE	TRUE
update_time	修改时间	datetime	FALSE	TRUE
year	年	varchar(20)	FALSE	TRUE
month	月	varchar(20)	FALSE	TRUE
day	日	varchar(20)	FALSE	TRUE
dif_day	日期类型	int(11)	FALSE	TRUE

2.9.20 排班表

表2-73 排班表（scheduling）

名称	含义	数据类型	是否为主键	是否必填
pk_id	主键id	int	TRUE	TRUE
duty_time	值班日期	varchar(10)	FALSE	FALSE
duty_people	值班人姓名	varchar(20)	FALSE	FALSE
duty_userId	值班人id	int	FALSE	FALSE
duty_phone	值班电话	decimal(11,0)	FALSE	FALSE
is_shift	是否有效	int	FALSE	FALSE
is_done	值班日期类型	int	FALSE	FALSE
creation_time	创建时间	datetime	FALSE	FALSE
update_time	修改时间	datetime	FALSE	FALSE

2.9.21 排班变化日志表

表2-74 排班变化日志表（schedule_change_log）

名称	含义	数据类型	是否为主键	是否必填
pk_id	主键id	bigint(20)	TRUE	TRUE
applicant_id	申请人id	int(11)	FALSE	TRUE
respondent_id	被申请人主键id	int(11)	FALSE	TRUE

续表

名称	含义	数据类型	是否为主键	是否必填
applicant_schedule_id	申请人原值班安排主键id	int(11)	FALSE	TRUE
respondent_schedule_id	被申请人原值班安排主键id	int(11)	FALSE	FALSE
type	换班替班类型	varchar(1)	FALSE	TRUE
result_flag	申请结果	varchar(1)	FALSE	TRUE
status	申请处理状态	varchar(1)	FALSE	TRUE
create_time	申请时间	datetime	FALSE	TRUE
update_time	最后更新时间	datetime	FALSE	TRUE

2.9.22 月度总结表

表2-75 月度总结表（monthly_summary）

名称	含义	数据类型	是否为主键	是否必填
pk_id	主键id	int	FALSE	TRUE
user_id	用户id	int	FALSE	FALSE
date	年月	varchar(20)	FALSE	FALSE
content_message	文本内容	text	FALSE	FALSE
creation_time	创建时间	datetime	FALSE	TRUE
update_time	修改时间	datetime	FALSE	TRUE

2.9.23 系统用户表

表2-76 系统用户表（user）

名称	含义	数据类型	是否为主键	是否必填
pk_id	主键id	int	TRUE	TRUE
user_name	登录名称	varchar(20)	FALSE	FALSE
password	登录密码	varchar(20)	FALSE	FALSE
real_name	姓名	varchar(20)	FALSE	FALSE
sex	性别	int	FALSE	FALSE
phone_number	电话号码	varchar(20)	FALSE	FALSE

名称	含义	数据类型	是否为主键	是否必填
post_name	职务	varchar(200)	FALSE	FALSE
department	部门	varchar(200)	FALSE	FALSE
is_enabled	是否启用	int	FALSE	FALSE
is_beOnDuty	是否参与值班	int	FALSE	FALSE
beOnDuty_order	值班排序	int	FALSE	FALSE
creation_time	创建时间	datetime	FALSE	FALSE
update_time	修改时间	datetime	FALSE	FALSE
is_operations	是否参与运维	int	FALSE	FALSE

2.9.24 系统日志记录表

表2-77 系统日志记录表（log_record）

名称	含义	数据类型	是否为主键	是否必填
pk_id	主键id	int	TRUE	TRUE
user_id	用户id	int	FALSE	FALSE
login_ip	登录ip	varchar(20)	FALSE	FALSE
operation_type	操作类型	int	FALSE	FALSE
operation_content	操作内容	varchar(200)	FALSE	FALSE
operation_time	操作时间	datetime	FALSE	FALSE
remark	备注	varchar(200)	FALSE	FALSE
operation_modular	模块名称	varchar(200)	FALSE	FALSE
creation_time	创建时间	datetime	FALSE	TRUE
update_time	修改时间	datetime	FALSE	TRUE
operation_url	接口路径	varchar(200)	FALSE	FALSE

2.9.25 登录日志表

表2-78 登录日志表（login_log）

名称	含义	数据类型	是否为主键	是否必填
pk_id	主键id	int(11)	FALSE	TRUE
user_id	用户id	int(11)	FALSE	FALSE

续表

名称	含义	数据类型	是否为主键	是否必填
login_ip	登录ip	varchar(20)	FALSE	FALSE
creation_time	创建时间	datetime	FALSE	TRUE
update_time	修改时间	datetime	FALSE	TRUE
real_name	登录人姓名	varchar(200)	FALSE	FALSE
login_state	登录状态	int(11)	FALSE	FALSE
login_code	登录码	varchar(1000)	FALSE	FALSE
type	登录方式	int(11)	FALSE	FALSE

2.9.26 用户满意度调查表

表2-79 用户满意度调查表（feedback）

名称	含义	数据类型	是否为主键	是否必填
pk_id	主键id	int(11)	FALSE	TRUE
creation_time	创建时间	datetime	FALSE	TRUE
update_time	修改时间	datetime	FALSE	TRUE
friendly_interface	界面友好	int(11)	FALSE	TRUE
conveninet_operation	操作便利	int(11)	FALSE	TRUE
perfect_function	功能完善	int(11)	FALSE	TRUE
comprehensive_data	数据全面	int(11)	FALSE	TRUE
overall_satisfation	整体满意度	int(11)	FALSE	TRUE
proposal	意见与建议	varchar(2000)	FALSE	FALSE

第3章　关键技术介绍

3.1　信息系统集成技术

所谓系统集成（SI，System Integration），就是通过结构化的综合布线系统和计算机网络技术，将各个分离的设备（如个人电脑）、功能和信息等集成到相互关联的、统一和协调的系统之中，使资源达到充分共享，实现集中、高效、便利的管理。系统集成应采用功能集成、网络集成、软件界面集成等多种集成技术。系统集成实现的关键在于解决系统之间的互连和互操作性问题，它是一个多厂商、多协议和面向各种应用的体系结构。这需要解决各类设备、子系统间的接口、协议、系统平台、应用软件等与子系统、建筑环境、施工配合、组织管理和人员配备相关的一切面向集成的问题。

系统集成作为一种新兴的服务方式，是近年来国际信息服务业中发展势头最猛的一个行业。系统集成的本质就是最优化的综合统筹设计，一个大型的综合计算机网络系统，系统集成包括计算机软件、硬件、操作系统技术、数据库技术、网络通讯技术等的集成以及不同厂家产品选型、搭配的集成，系统集成所要达到的目标——整体性能最优，即所有部件和成分合在一起后不仅能工作，而且全系统是低成本的、高效率的、性能匀称的、可扩充性和可维护的系统。

系统集成有以下几个显著特点：

(1)系统集成要以满足用户的需求为根本出发点。

(2)系统集成不是选择最好的产品的简单行为，而是要选择最适合用户的需求和投资规模的产品和技术。

(3)系统集成不是简单的设备供货，它体现更多的是设计、调试与开发，是技术含量很高的行为。

(4)系统集成包含技术、管理和商务等方面，是一项综合性的系统工程。技术是系统集成工作的核心，管理和商务活动是系统集成项目成功实施的可靠保障。

(5)性能性价比的高低是评价一个系统集成项目设计是否合理和实施成功的重要参考因素。

3.2 服务式GIS技术

Service GIS是一种基于面向服务软件工程方法的GIS技术体系，它支持按照一定规范把GIS的全部功能以服务的方式发布出来，可以跨平台、跨网络、跨语言地被多种客户端调用，并具备服务聚合能力以集成来自其他服务器发布的GIS服务。

Service GIS能更全面地支持SOA，通过对多种SOA实践标准与空间信息服务标准的支持，可以使用于各种SOA架构体系中，与其他IT业务系统进行无缝的异构集成，从而可以更容易地让应用开发者快速构建业务敏捷应用系统。与基于面向组件软件工程方法的组件式GIS相比，服务式GIS继承了前者的技术优势，但同时又有一个质的飞跃。从组件式GIS到服务式GIS，这既是后者在前者基础上的自然进化和发展，同时也是GIS领域再一次关键一跳！这一跳具有里程碑意义，在今后一段时间内，Service GIS将与组件式GIS 互为补充，共同进步和发展，最终Service GIS将成为应用系统开发新的主流。

Service GIS软件平台的实现主要包括以下几方面的工作：

在细粒度组件式GIS基础上，封装粒度适中的全功能的GIS服务群，构成Service GIS的服务器，向客户端发布这些服务。这里强调全功能的GIS服务，包括数据管理、二维可视化、三维可视化、地图在线编辑、制图排版及各类空间分析和处理等。

服务器支持发布基于通用规范的服务，如WMS、WCS、WFS、WPS、GeoRSS、 KML等，以便被第三方软件作为客户端集成调用。

客户端GIS软件具备服务聚合能力，可聚合同一厂家服务器软件和第三方服务器软件发布的GIS服务，并与本地数据和本地功能集成应用。

服务器端软件具备强大的服务聚合能力，可以聚合来自其他服务器上发布的GIS服务，并可以将聚合后的结果再次发布，再次发布的服务还可以继续被其他的服务器软件聚合。

粗粒度服务的特点是：通讯次数少，效率高，但灵活性相对较低。上述案例若用一个粗粒度服务实现则为：输入一条道路线和缓冲区半径，输出在这条道路线的缓冲区半径范围内的所有居民点，一次调用即可完成任务。

实际上，服务粒度的粗细是相对的。仅仅提供粗粒度服务，则可能导致系统灵活性不够，所以在设计服务时会考虑多种级别的服务并存，在不同情况下需要调用不同粒度的服务。

Service GIS包括三个要素，即：服务器、服务规范和客户端。Service GIS的服务器是服务的提供者，可以遵循某一种或多种规范发布服务。服务规范可以是公认的服务标准，如WMS、WCS、WFS、WPS和GeoRSS等，同时GIS平台软件厂商也可以自定义服务规范。Service GIS的客户端是服务的接受者，一般地，可分为瘦客户端(Thin Client)和富客户端

(Rich Client)两种，前者通常体现为浏览器中加载轻量级的插件，甚至无需任何插件，由浏览器直接执行来自服务器端的脚本实现；后者可以是通用的或专用的GIS桌面软件和组件开发平台，也可以是另一个服务器直接作为客户端，聚合前一个服务器发布的服务。

3.3   基于移动互联的多端接入

随着宽带无线接入技术和移动终端技术的飞速发展，人们迫切希望能够随时随地乃至在移动过程中都能方便地从互联网获取信息和服务，移动互联网应运而生并迅猛发展。系统采用无线通信网络承载信息采集的工作，通过3G、4G通信网络，在移动终端、接入网络、应用服务、安全与隐私保护等方面形成面向行业应用需求的移动互联网络体系，形成多终端接入的访问模式。

3.4   基于WebGIS技术的业务处理和空间分析

系统客户端使用HTML和XML技术，使用DHTML和JavaScript进行编程，用户只要使用IE5.0以上的浏览器即可进入系统浏览、查询相关的信息。

该客户端采用传输结果影像的方式传输空间图形信息，浏览器端不需下载任何插件或其他程序。数据驻留在服务器上，用户访问请求在服务器端进行处理，原始数据不会下载到客户端，数据更加安全，不仅方便数据管理，而且访问速度很快。

系统的Web服务器、应用服务器、客户端之间采用XML格式进行通讯，整个系统结构清晰，接口规范，易于扩充。系统通过.NET的组件技术，将WebGIS功能无缝集成到系统的各个业务环节，实现业务处理的图形化和空间化。

3.5   基于公里网格的群体震害快速评估方法

基于相关基础数据，开展基于公里网格的建筑物抗震能力综合分区分类方法研究，建立京津冀地区在不同分类情况下各类建筑结构的地震易损性分析方法；基于地震易损性分析结果，给出京津冀地区在概率地震或设定地震作用下的建筑物地震直接经济损失及空间分布情况；建立生命线工程同建筑物地震直接经济损失的数学关联模型，计算得到了京津冀地区在概率地震作用下生命线工程直接经济损失；发展了分区分类的地震人员伤亡评估模型，建立京津冀地区在概率地震作用下人员伤亡评估模型。最后，根据输入地震参数，可以快速计算得到灾区人员伤亡、建筑物经济损失、生命线工程经济损失的数量和空间分布情况（本部分内容主要摘自孙柏涛课题组研究报告）。

3.5.1   建筑物抗震能力综合分区方法

综合考虑不同行政区划内人口密度、单位面积GDP产值、城镇建设用地比例、当地设防烈度等影响因素，结合现场调查数据，分析城区、乡镇及农村等不同地区的相似性和差异性，以公里网格为单元，研究给出各影响因素对建筑物抗震能力的影响因子值，利用各影响因子之间的关联程度，通过统计学方法计算得到综合影响因子值，根据抗震能力影响程度对各类数据进行分类，完成综合分区。建筑物抗震能力综合分区流程图如图3-1所示。

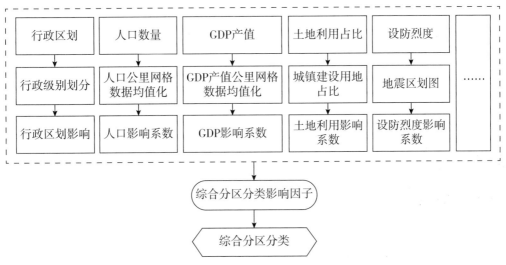

图3-1 建筑物抗震能力综合分区流程图

采用加权综合评价法建立研究区域的分区分类模型。首先分别建立不同影响因素的影响系数H_{di}，分析各影响因素对工程结构抗震能力的影响程度，运用层次分析法计算得到各影响因素的权重值，采用加权综合评价法计算得到分区分类综合影响系数。某研究区域综合影响系数的计算见如下公式。

$$C_d = \sum_{i=1}^{4} \gamma_{di} H_{di}$$

式中：

C_d为某研究区域综合影响因子值；

H_{di}为某研究区域不同影响因素的影响系数；

i为影响因素个数；

d为某研究区域；

γ_{di}为某研究区域各影响因素的权重。

其中：$\sum_{i=1}^{4} \gamma_{di} = 1$

3.5.2　建筑物地震直接经济损失分析

一次地震的直接经济损失是指地震后的修复、重建费用，室内财产和救灾费用所投入的资金。建筑物地震直接经济损失是指地震造成的建筑结构破坏的经济损失。通过考虑各类房屋建筑不同破坏等级的破坏比、损失比、房屋重置单价和分区分类的影响，给出了建筑物地震直接经济损失分析模型，计算公式为：

$$DEL_{si} = S_{si} \times D_{si} \times R_{si} \times P_{si}$$

式中：

DEL_{si} 为研究区域某种建筑结构地震直接经济损失；

S_{si} 为研究区域不同分区分类情况下某种建筑结构总建筑面积；

D_{si} 为研究区域不同分区分类情况下某种建筑结构某个破坏等级的破坏比；

R_{si} 为研究区域不同分区分类情况下某种建筑结构某个破坏等级的损失比；

P_{si} 为研究区域不同分区分类情况下某种建筑结构重置单价。

3.5.3　生命线工程地震直接经济损失分析

生命线系统工程包含电力、交通、供水、燃气、通信等5个子系统，它是现代社会人类生产生活所不可或缺的工程系统，是震后一切应急救援活动的重要依托和前提。生命线系统工程一旦遭受地震破坏，会严重影响正常的社会生产生活活动，造成大量的经济损失。但是由于生命线系统是一个极其庞大复杂的网络工程，涉及到电力、燃气、通信等多个研究领域，具有复杂性、网络性、广泛性等特性，如果按照传统的计算模式，一是基础资料的获取专业性较强，开展一个地区的基础资料收集工作一般需耗费大量的人力物力和时间才能完成，也不适宜大范围开展工作；二则在不同区域，生命线各系统的存量和抗震能力也不相同，地震对其造成的损失存在很大差别，很难有统一的计算模式。因此，在一次地震中，很难根据现有资料准确地给出生命线工程地震直接经济损失值。基于此，本项目从历次典型历史地震震害中，通过寻求建筑物地震直接经济损失同生命线工程地震直接经济损失之间的关联程度，给出不同地区生命线工程地震直接经济损失分析模型。

不同地区生命线工程的存量及抗震能力有很大的差异，地震时造成的损失同建筑物破坏造成的损失存在着很大的相关性。在分区分类的基础上，通过分析不同地区震害与震害预测资料中建筑物损失和生命线工程损失的对应关系，建立不同分区情况下生命线工程同建筑物损失的数学模型；同时，分析不同地区同时期人口、经济、建筑物总量及设防情况的对应关系及分布曲线，给出不同城市各分区情况下的调整系数；最后，利用不同分区现有建筑物、人口、经济及设防数据资料，模拟给出适用于不同分区的生命线工程地震直接经济损失分析模型。

3.5.4 人员死亡快速评估方法分析

地震人员伤亡研究最早可追溯到20世纪50年代，日本学者Kawasumi对日本重大地震案例开展研究，获得地震人员伤亡情况。美国在20世纪70年代开始了地震人员伤亡的研究。近几年来，USGS采用重建地震场景的方法建立了基于地震动影响的人员死亡率函数。我国开始对地震人员伤亡开展研究是在20世纪90年代，大体可概括为考虑结构地震易损性和不考虑结构地震易损性两类研究模式。尹之潜等通过研究我国1966—1976年间大陆发生的10余次7级以上地震案例，以不同类型房屋毁坏比为主要参数，建立了基于结构倒塌的地震人员伤亡模型，此外，考虑了地震发生时间和室内人员密度对人员伤亡的影响，并给出了计算方法。陈颙等考虑宏观易损性方法，以国内生产总值体现结构抗震水平，建立不同经济发展水平地区人员死亡同地震烈度之间的关系。近几年来，随着互联网的快速发展，刘倬等建立了地震死亡人数随时间变化的指数规律曲线，对地震造成的最终死亡人数进行了预测。本项目中充分考虑地震发生时间、地点、人员不同时段的空间分布、当地自然环境、结构类型、行政区划等影响因素，以GIS平台为依托，基于公里网格的人口、建筑物等矢量数据，研究一种适用京津冀不同地区不同建筑物功能的考虑人员空间分布的多因素影响的人员伤亡估计方法。

建筑物倒塌是人员死亡的主要影响因素，但是建筑物倒塌不一定都造成人员大量伤亡，地震造成的人员伤亡还与同一天内人们的活动空间位置有关；城市和农村居民因生活和工作活动的空间不同，也有很大差异；结构类型不同，地震时其破坏状态不同，造成的人员伤亡情况也不同，且建造在不同地区的同一结构类型地震人员伤亡情况也不相同；同时，地震发生地点不同，造成的死伤情况也不同，如地震发生在平原地区还是山区，人员伤亡情况有所差别。本项目综合考虑了上述影响因素，给出了分区分类的地震人员死亡分析模型，具体研究思路如图3-2所示。

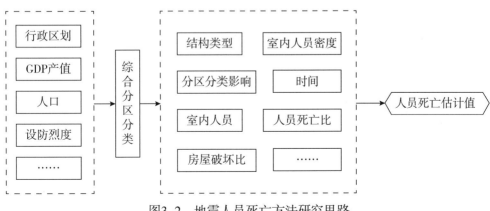

图3-2 地震人员死亡方法研究思路

3.6　基于离线制图原理的地震应急专题图制作方法

专题图作为一种重要的信息表达和传递手段，在地震应急的各时段都发挥着重要的作用。《破坏性地震应急专题地图产出流程与制作规范（试行）》（中震救发〔2011〕69号），对省级地震应急指挥中心按震后5个时间段的27幅专题图制作提出了详细的标准要求。专题图的制作是各级地震应急指挥中心都面临的一项重要业务工作。但是，目前现有的技术系统很难满足上述规范及实际地震应急工作的要求，主要表现在：

（1）对专业人员的要求

专题图的制作主要依靠专业技术人员通过专业GIS软件手工生成，对工作人员有较高的专业水平要求，而相关人员同时要参与繁重的各项震后应急工作，因而很难实现各应急时段专题图的快速产出。

（2）对基础数据库的要求

传统的专题图制作方法，在制图时需要实时连接地震应急基础数据库。遇网络故障或服务器故障，将无法工作。而应急时数据库处于最繁忙的工作状态，需要参与各软件模型的计算；此时频繁操作数据库，一方面访问速度受限，另一方面会增加服务器负担、增加其瘫痪的可能。

（3）对应用场景的要求

为落实中国地震局党组关于"地震现场工作重心前移"的指示精神，需要进一步做好地震现场应急准备工作，提升现场应急信息服务保障能力。然而，现在的技术系统和工作模式无法实现地震现场的专题图实时制作（需要在指挥中心制作，通过视频会议或卫星通信向地震现场传递信息）。

（4）其他方面的要求

专业软件研发需要大量经费，出图效率越快越好，制图过程越简越好，制图模板或样式可方便配置……

为了提高专题图制作效率，许多研究所与省级地震局已经开展了大量研究工作及实际应用测试。利用AcrGIS提供的开发接口，基于提前配置好的专题图模板，可以批量导出专题图。但是，这种实现方式仍然需要实时连接数据库、依然需要专业GIS软件的支撑，应用场景和出图样式受到限制，还是无法彻底满足现实工作需求。

综上所述，当前急迫需求一种新的专题图制作技术，该技术应该具有如下特征：①不依赖专业GIS软件进行绘制和输出，基于传统Windows图形用户界面操作形式，不需要具备专业技能即可实现绘制；②不需要实时连接应急基础数据库，基于前期数据处理将各类专题数据信息分层次预存储，通过离线方式实现专题图的快速制作；③可实现各类专题图的自动批量产出。

将传统思路中利用GIS专业软件进行制图的过程提前处理，建立一系列预存储的地图切片数据，在使用时，脱离GIS软件环境和基础数据，在自主研发的软件中利用这些预存储的切片数据再拼接出需要的地理底图，其技术原理如图3-3所示。

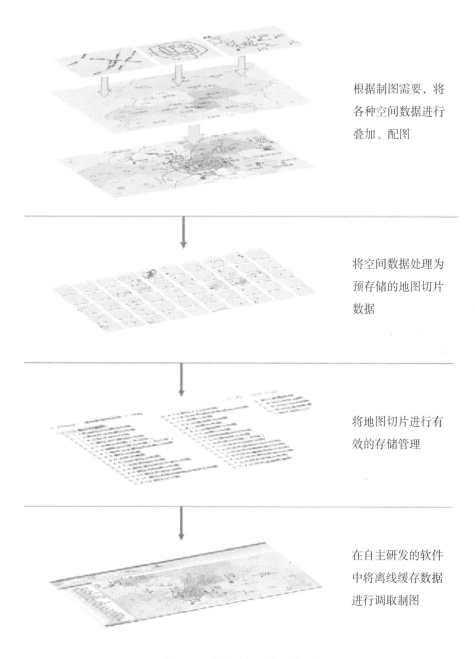

根据制图需要，将各种空间数据进行叠加、配图

将空间数据处理为预存储的地图切片数据

将地图切片进行有效的存储管理

在自主研发的软件中将离线缓存数据进行调取制图

图3-3 离线制图原理示意图

3.7 基于GIS空间分析的本地化辅助决策建议生成方法

在本地化数据库构建的基础上，基于GIS空间分析技术，研究和实现本地化辅助决策建议生成模块，提供本地化应急辅助决策服务，其研究思路如图3-4所示。

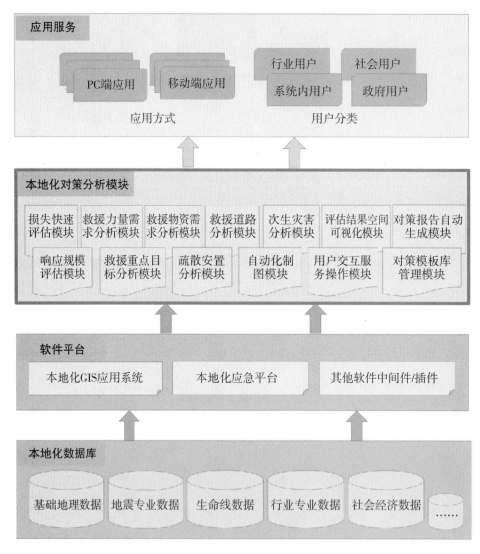

图3-4 本地化应急辅助决策研究示意图

第4章　系统功能演示

4.1　B/S平台主要功能演示

4.1.1　系统登录

在浏览器中输入系统网址，首先显示系统登录页面，如图4-1所示。用户名统一规定为用户的手机号、密码为6位以上字母与数字组合。

图4-1　系统登录页面

4.1.2　系统首页

登录成功后，首先进入系统的首页，如图4-2所示。

为了实现"一张图"应急的理念，在首页中实现了关键功能的集成应用，包括触发地震、结果列表、地图显示、评估结果查看/下载、辅助决策查看/下载、专题图查看/下载，等等。

图4-2　系统首面

　　地震列表展示了最新的几条评估结果，在地图上有对应的编号显示。点击一条记录后，在右侧实时展示评估结果。

　　对于某次模拟触发地震计算，得到的快速评估报告、辅助决策报告、专题图页面分别如图4-3、图4-4、图4-5所示。

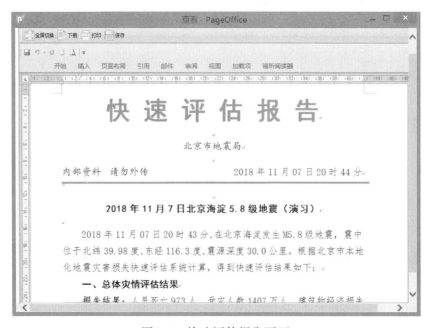

图4-3　快速评估报告页面

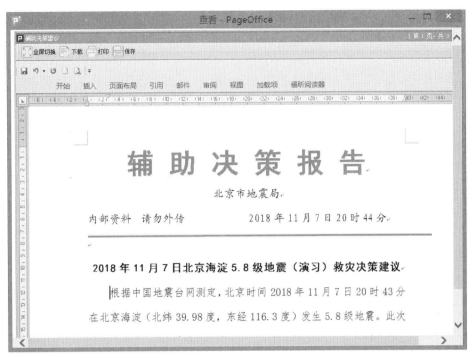

图4-4 辅助决策报告页面

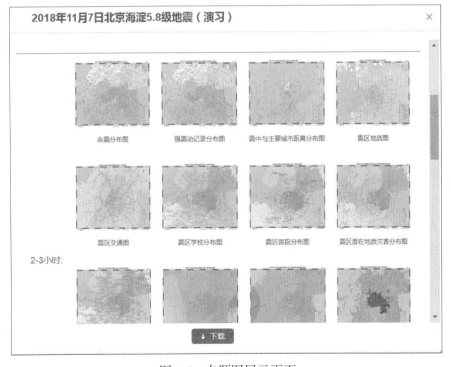

图4-5 专题图展示页面

值得一提的是，快速评估报告和辅助决策报告，基于在线Office插件的形式进行展示。用户可以在线编辑，也可以下载保存。专题图可以在线浏览，也可以打包下载。

在首页中点击"触发地震"图标，打开地震参数输入界面，如图4-6所示。地震参数主要包括：震中位置、震级、长轴方向、震源深度、发生时间、地震名称，等等。

图4-6　地震参数输入界面

其中，地震名称可以通过"自动生成"按钮获得。基于后台空间数据库，分析震中位置所在的行政区域，提取相应的省（市）、县（区）名，再根据地震行业标准《地震名称确定规则》进行自动生成地震名称。

为了更准确地获得震中经纬度，可以点击地图定位图标，打开地图窗口，在地图中点击任何一个点，可以实时获得该点的经纬度，如图4-7所示。

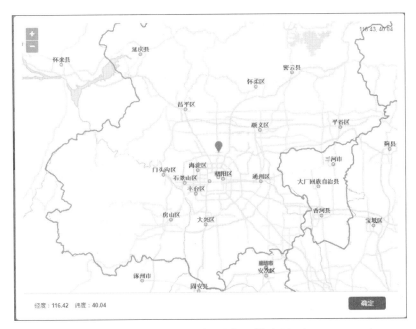

图4-7 地图选择震中经纬度界面

4.1.3 GIS评估分析

基于自主研发的二维GIS地图服务平台，不仅实现了各种空间数据的实时叠加显示，还提供了快速评估结果与GIS地图的集成显示，本模块的页面如图4-8所示。

图4-8 GIS评估分析页面

基础底图提供了基础矢量、基础影像、基础高程三种底图供选择，默认为基础矢量底图，基础影像与基础高程底图显示效果如图4-9、图4-10所示。

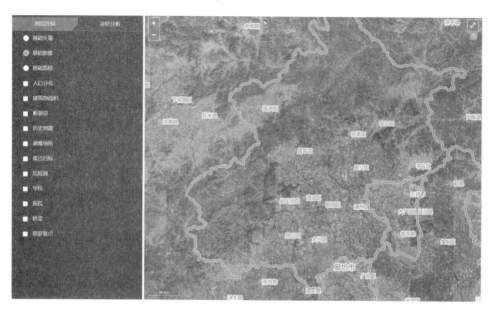

图4-9　基础影像底图页面

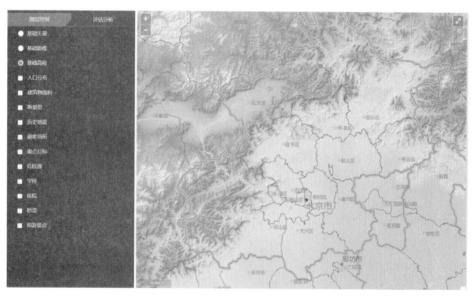

图4-10　基础高程底图页面

在基础底图的基础上，可以叠加显示重点目标、学校、医院、桥梁、人口分布、建筑物面积、断裂带、避难场所、历史地震、危险源、旅游景点等数据，对于点状数据，在地图上点击图标可查看该数据的属性信息。人口数据和建筑物数据覆盖了京津冀地区，以公里网格数据的形式进行加工和存储，叠加效果分别如图4-11、图4-12所示。

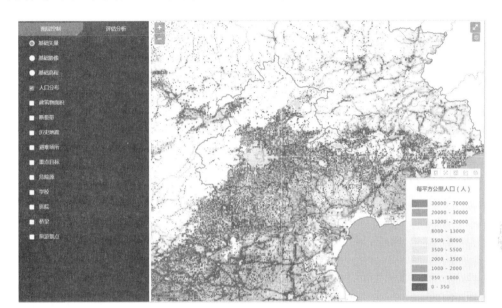

图4-11　人口数据叠加显示页面

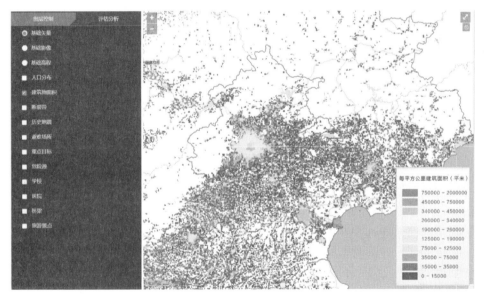

图4-12　建筑物数据叠加显示页面

在评估分析列表中，显示了最近10条快速评估结果。点击某一条结果，可将得到的评估结果（地震影响场、人员死亡、经济损失）在空间上的分布情况，实时叠加到GIS地图上。某次模拟计算的结果、叠加显示的效果分别如图4-13、图4-14所示。

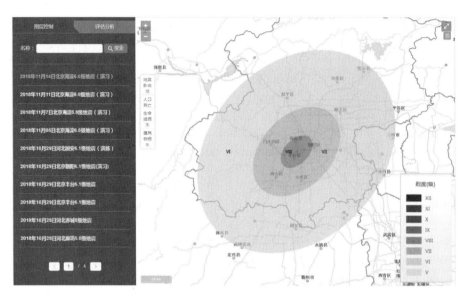

图4-13　地震影响场叠加显示效果页面

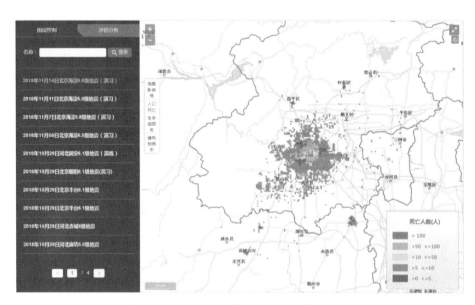

图4-14　人员死亡分布叠加显示效果页面

另外，提供了丰富的地图互操作接口。在地图上可以进行点、线、面标绘及距离和面积的空间量测，地图可以全屏展示、可以实时导出。

4.1.4　评估结果管理

所有的评估结果信息以表格列表形式进行展示，包括评估状态、地震名称、评估人、经度、纬度、地震时间、震级、辅助决策建议条数和专题图张数，如图4-15所示。

图4-15 评估结果管理页面

评估状态分为计算成功、计算中和计算失败三种。计算成功和计算失败的数据支持修正评估和删除评估，计算中的数据不支持修正评估和删除评估。只有系统管理员具有删除评估的权限，普通用户无法删除评估。

点击地震名称可查看计算结果，计算结果包括地震参数、快速评估结果和应急专题图。点击"地震参数"，可查看评估人、评估时间、震中经度、震中纬度、震级、长轴方向、震源深度和发生时间，如图4-16所示。

2018年11月05日北京海淀6.5级地震（演习）	×

地震参数	快速评估结果	应急专题图

评估人	谭庆全
评估时间	2018-11-06 13:16:47
震中经度	116.31
震中纬度	39.98
震级	6.5级
长轴方向	45度
震源深度	20公里
发生时间	2018-11-05 20:55:00

图4-16 地震参数显示页面

点击"快速评估结果"，可查看死亡人数、受影响人数、建筑物损失、生命线损失、最高烈度和烈度影响面积，并支持在线查看、编辑或下载辅助决策建议和快速评估结果报告，如图4-17所示。

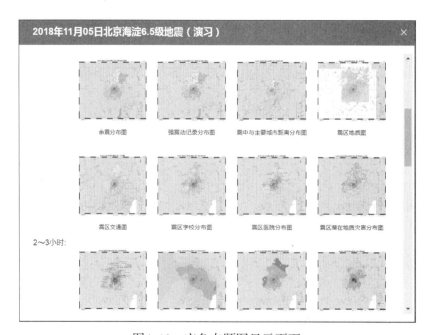

死亡人数：	5152 人
受影响人数：	2120 万人
建筑物损失：	1176 亿元
生命线损失：	345 亿元
最高烈度：	Ⅷ度
烈度影响面积：	11189.0平方公里

2018年11月05日北京海淀6.5级地震（演习）
辅助决策建议　　快速评估结果

图4-17　地震参数显示页面

点击"应急专题图"，可查看所有应急专题图，支持在线查看和打包下载，如图4-18所示。

余震分布图　强震动记录分布图　震中与主要城市距离分布图　震区地质图

震区交通图　震区学校分布图　震区医院分布图　震区潜在地质灾害分布图

2～3小时：

图4-18　应急专题图显示页面

每张专题图都支持放大、缩小、全屏、旋转、翻页功能。单击鼠标右键，选择"另存为"，可将单张图片保存到本地。

点击评估结果管理页面中的"修正评估"按钮，会显示修改本地化评估数据弹窗，用户可以修改部分数据后进行修正计算，如图4-19所示。

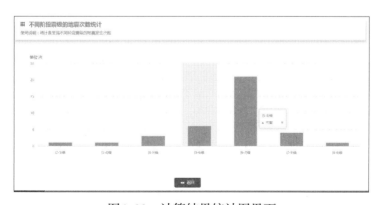

图4-19　修正评估页面

点击评估结果管理页面中的"删除评估"按钮，会有删除评估确认弹窗，点击"删除"按钮，会有删除成功的提示信息，对应的评估结果数据会被删除。

点击评估结果管理页面中的"导出"按钮，选择本地保存路径，点击"保存"按钮，可完成将计算完成的评估结果按指定路径保存到本地。

点击评估结果管理页面中的"统计图"按钮，会进入统计图界面，统计显示了不同震级区间的地震次数，如图4-20所示。

图4-20　计算结果统计图界面

4.1.5 应急运维

应急运维包括运维文档和"十五"系统集成调度两个子模块。

4.1.5.1 运维文档

点击菜单【运维文档】进入运维文档界面，包括新建和列表两个页签，新建用于模板的编辑与上传如图4-21所示，列表用于显示上传记录如图4-22所示。

图4-21 运维文档界面

在运维文档界面中，点击模板名称，可对模板进行编辑，编辑完毕后点击"保存"按钮，已修改模板处会显示已修改的模板，修改完成后，可上传至运维FTP服务器。

图4-22 运维列表界面

在运维列表界面中，显示所有已上传模板记录。以列表形式显示上传人、上传文档和上传日期，按上传日期进行排序。支持在线查看文档、查看统计图和按条件查询文档。

4.1.5.2 "十五"系统集成调度

"十五"系统集成调度界面包括新建和列表两个页签，新建用于"十五"系统计算结果的查询、修改与上传，列表用于显示上传记录。

在新建界面，填写经度、纬度和地震震级，点击"查询"按钮，可查询出与查询条件最接近的"十五"系统中的快速评估结果，如图4-23所示。

图4-23　"十五"系统计算结果查询页面

在列表界面，显示所有已上传地震记录，包括上传时间、创建人和期数，按上传时间进行排序，并支持统计图查看和上传记录的查询，如图4-24所示。

图4-24　上传记录列表界面

4.1.6 应急值班

应急值班模块以日历形式显示值班表，如图4-25所示。

图4-25　应急值班界面

支持在线进行申请替班、申请换班、查看替换班历史、消息处理、导出值班表和查看统计图。

点击"申请替班"按钮，选择申请替班的日期，点击"选择替班人员"按钮，会有替班人员选择框。选择替班人员，点击"提交申请"按钮，可成功申请替班，对方会收到替班申请的消息。当对方同意此申请时，值班表自动更新；当对方拒绝此申请时，值班表不发生变化。

点击"申请换班"按钮，选择申请换班的日期，点击"选择换班的日期"按钮，选择换班日期，点击"提交申请"按钮，可成功申请换班，对方会收到换班申请的消息。当对方同意此申请时，值班表自动更新；当对方拒绝此申请时，值班表不发生变化。

点"统计图"按钮，会进入统计图界面，统计显示了用户值班次数，默认显示的是近一个月的数据。选择值班日期，点击"查询"按钮，可按查询条件显示统计图，如图4-26所示。

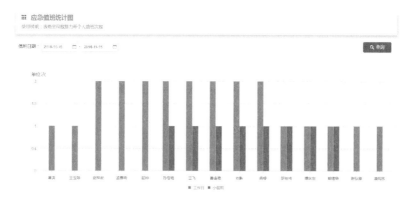

图4-26 应急值班统计图界面

4.1.7 月度总结

在月度总结页面，用户可以输入某个月的工作总结，并查看所有历史记录，如图4-27所示。

图4-27 月度总结界面

点击"新增"按钮，会有新增月度总结弹窗，选择总结日期，输入总结文本，点击"保存"按钮，会有新增成功的提示信息，并成功回显添加的月度总结，如图4-28所示。

图4-28 新增月度总结窗口

4.1.8　后台管理

管理员用户登录后具有后台管理权限。后台管理菜单包括登录日志、专题图设置、值班管理、节假日管理、用户管理、基础数据、辅助决策建议模板、ftp设置和意见反馈统计9个子模块，如图4-29所示。

图4-29　后台管理菜单

4.1.8.1　登录日志

点击"登录日志"，进入登录日志界面，以表格列表形式展示登录时间、登录ip、登录人和终端信息，如图4-30所示。

图4-30　登录日志界面

4.1.8.2　专题图设置

点击"专题图设置",进入专题图设置界面,可以通过开关按钮,控制各个时间段专题图的展示。默认所有专题图都为打开状态,点击专题图对应的按钮,按钮状态会进行开关互换,如图4-31所示。

图4-31　专题图设置界面

4.1.8.3　值班管理

点击"值班管理",进入值班管理界面,可在界面中设置值班人员工作日、短节假日、长节假日的值班顺序,并按值班顺序自动生成值班表,如图4-32所示。

图4-32　值班管理界面

点击"生成值班表"按钮，会有选择排班日期弹窗，选择排班开始时间和结束时间，点击"确定"按钮，会自动生成值班表，如图4-33所示。

图4-33　选择排班日期框

4.1.8.4　节假日管理

点击"节假日管理"，进入节假日管理界面，用不同的颜色区分节假日类型，可以选择任意日期并修改其类型，如图4-34所示。

图4-34　节假日管理界面

4.1.8.5　用户管理

点击"用户管理"，进入用户管理界面，以表格列表形式展示姓名、性别、部门、职务、电话、是否值班、是否运维，支持新增用户、修改用户、删除用户、查看用户和查询用户，如图4-35所示。

图4-35 用户管理界面

点击"新增"按钮，会有新增用户弹窗，如图4-36所示。

新用户注册 ×

* 真实姓名 　真实姓名

* 联系电话 　admin

* 密码 　请输入密码

* 确认密码 　············

* 性别 　性别

* 科室 　所在科室

* 职务 　所在职务

* 参与值班 　是否参与值班

* 参与运维 　是否参与运维工作

确认修改

图4-36 新增用户界面

查看、修改、查询、删除等操作功能不再一一介绍。

4.1.8.6 基础数据

点击"基础数据"，进入基础数据界面，以表格列表形式展示医院、学校、桥梁、避难场所、重点目标、旅游景点和危险源信息，支持新增数据、修改数据、删除数据和查询数据，如图4-37所示。

图4-37 基础数据界面

添加、修改、查询、删除等操作功能，与其他模块操作方法类似，不再一一介绍。

4.1.8.7 辅助决策建议模板

点击"辅助决策建议模板"，进入辅助决策建议模板管理界面，以表格列表形式展示模板名称、辅助决策建议条数和模板状态，支持新增模板、修改模板、删除模板和启动模板，如图4-38所示。

图4-38 辅助决策建议模板界面

可以预先定义多个模板，根据需要合理选择需要的模板。比如，在系统中预置了默认模板、天津市模板、河北省模板、北京西部山区模板、北京中心城区模板等等。

4.1.8.8　ftp设置

点击"ftp设置"，进入ftp设置界面，以表格列表形式展示应急运维模板名称、ftp上传文件路径和ftp文件名，支持新增应急运维模板、修改应急运维模板和删除应急运维模板，如图4-39所示。

图4-39　ftp设置界面

4.1.8.9　意见反馈统计

点击"意见反馈统计"，进入意见反馈统计查看面，以表格列表形式展示评价时间、界面友好、操作便利、功能完善、数据全面、整体满意度和反馈意见信息，并支持统计图分类统计，如图4-40、图4-41所示。

图4-40　意见反馈统计列表界面

图4-41　意见反馈统计图界面

4.2　移动APP主要功能演示

4.2.1　安装与配置

下载系统安装包后，点击"安装"按钮进行安装，安装界面如图4-42所示，点击"继续安装"按钮，可进入安装成功的界面，如图4-43所示。

图4-42　安装界面　　　　图4-43　安装成功界面

点击"信任此应用"按钮，点击"打开"按钮，可进入系统启动界面，如图4-44所示。

启动界面停留1.5秒自动跳转到登录界面，登录前需检测服务器地址，检测服务器地址提示弹窗如图4-45所示。

图4-44 系统启动界面   图4-45 检测服务器地址提示弹窗

点击"确定"按钮，会进入修改服务器地址界面，如图4-46所示。

图4-46 修改服务器地址界面

服务地址支持输入三个，点击可勾选/取消勾选ip地址，输入服务器地址，点击"检测"按钮，可对服务器地址进行检测。程序优先使用输入的第一个IP地址。

若安装完成后没有点击"信任此应用"，APP所需的权限默认是关闭的，需要用户手动授权。本APP需要手动开启"存储"和"您的位置"权限，否则在触发地震的过程中，用户无法获取到当前位置的经纬度。在"设置—应用和通知—权限管理"找到"北京地震应急"，开启存储和位置权限。

4.2.2 系统登录

点击APP图标可进入系统登录页面，输入正确的账号和密码，点击"登录"按钮，可进入系统主界面，系统主界面包括快速触发、评估结果、应急值班和个人中心四个模块，如图4-47、图4-48所示。

图4-47 登录界面　　　　　　　图4-48 系统主界面

4.2.3 快速触发

点击系统主界面中的"快速触发"按钮，可进入触发地震界面。填写震中位置经纬度、震级、长轴方向、震源深度，选择发生日期，点击"生成名称"按钮生成地震名称，点击"提交"按钮，会有提交成功的提示信息，可成功触发并在评估结果列表中显示该地震信息，如图4-49所示。

图4-49 触发地震界面

震中位置经纬度有两种输入方式，一种是手动输入，另一种是通过地图定位。点击图标⊚可进入选择地震发生位置界面，移动地图选择震中位置，点击确认保存选择的位置信息，并返回触发地震界面，如图4-50所示。

图4-50 选择地震发生位置界面

4.2.4 评估结果

点击系统主界面中的"评估结果"按钮，可进入评估结果界面，展示所有用户触发的所有地震的地震名称、震级、震中位置、震源深度和长轴方向。结果按触发时间排序，支持修正评估、查看地震详情和评估结果查询。向下滑动可刷新列表数据，向上滑动可查看更多数据。评估结果列表界面如图4-51所示。

图4-51　评估结果界面

向右滑动地震名称，会显示"修正评估"按钮，点击该按键会进入修正评估界面，修改地震参数后，点击"提交"按钮，可成功触发并回显一条新的地震信息。

评估状态分为计算成功、计算中和计算失败，只有计算成功的地震才可查看地震详情。点击计算成功的地震名称，可进入地震详情界面。地震详情包括查看地震基本信息、查看评估分析参数结果、地图展示震中位置、查看快速评估结果、查看辅助决策建议、查看应急专题图、分享评估、下载评估等，如图4-52所示。

图4-52 查看地震详情界面

快速评估报告和辅助决策建议报告，支持在线查看，如图4-53、图4-54所示。

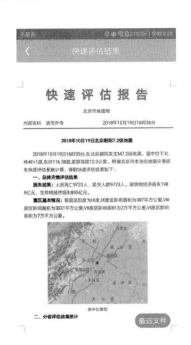

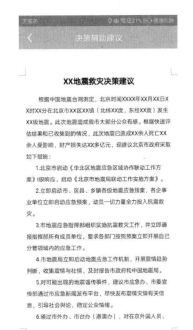

图4-53 在线查看快速评估报告 图4-54 在线查看辅助决策建议报告

所生成的专题图，支持在线查看，如图4-55所示。

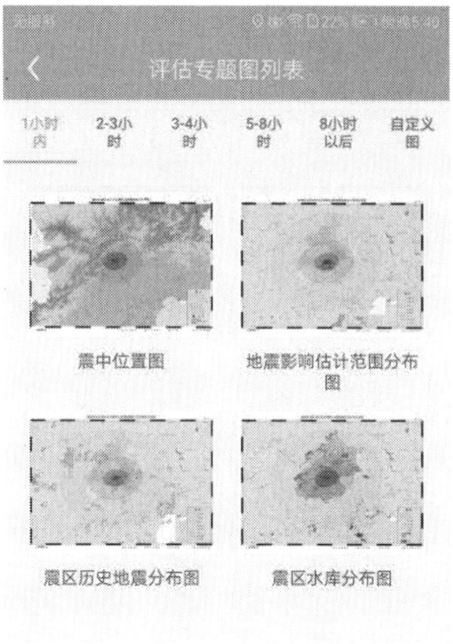

图4-55　在线查看专题图

点击评估结果列表界面中的"查询"按钮，会进入查询评估界面，可以按照地震名称、只看自己、只看已完成进行查询，如图4-56所示。

图4-56　查询评估

4.2.5　应急值班

点击系统主界面中的"应急值班"按钮，可进入应急值班界面。以日历形式展示值班表，并支持申请替班、申请换班和消息处理，如图4-57所示。

图4-57 应急值班界面

4.2.6 个人中心

点击系统主界面中的"个人中心"按钮，可进入个人中心界面，可显示用户姓名、部门和电话号码，支持修改密码和退出登录，如图4-58所示。

图4-58 个人中心界面

4.2.7 脱机浏览

在APP登录界面中点击"脱机浏览"按钮，可在不登录服务器的情况下，查看下载到本地的评估结果。所看到的地震详情和在线看到的结果一致。当离线时展示地图震中位置的地图不可操作，在线状态下支持放大、缩小和平移。

4.3 评估后台软件主要功能演示

4.3.1 启动后台软件

在安装完后台模型计算软件后，点击软件中的可执行文件 EQMap.exe ，启动后台软件，主界面如图4-59所示。

图4-59 后台模型计算软件主界面

4.3.2 烈度衰减关系设置

在软件设置中，可通过可视化界面对软件使用的烈度衰减关系进行设置。根据烈度衰减关系，软件进行自动烈度快速评估计算。值得注意的是，不同的烈度衰减模型会得到不同的快速评估结果和影响场分布情况。软件中默认值为华北椭圆衰减模型，可以根据专家经验进行自定义修改。另外，最高烈度小于Ⅵ度时，可以用圆模型进行有感范围的评估计算，如图4-60所示。

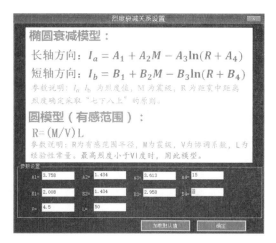

图4-60　烈度衰减模型设置界面

4.3.3　软件默认参数设置

在软件设置中，设置软件默认的参数，包括软件标题栏名称、默认的经纬度位置和地图显示级别，如图4-61所示。

图4-61　软件默认参数设置界面

4.3.4　烈度圈颜色设置

在软件设置中，可以设置不同烈度区的颜色显示参数，包括填充色、边框颜色、透明度等，如图4-62所示。

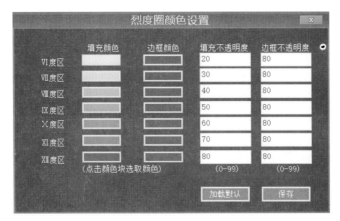

图4-62　烈度圈颜色设置界面

4.3.5　地图类型设置

在软件设置中，可以设置地图类型，只有指定的地图类型才会在自动制图时进行专题图制作。可以配置多种地图类型方案，如图4-63所示。

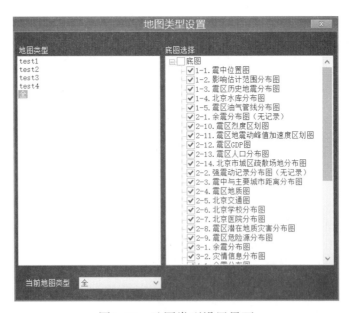

图4-63　地图类型设置界面

如果需要增加地图类型，只需要将按规定格式生成的缓存底图数据放在软件的数据目录下即可。具体位置为：\地震本地化评估后台软件\缓存数据根目录\Map，目前软件中已经配置完成的底图数据如图4-64所示。

1-1.震中位置图	2-14.北京市城区疏散场地分布图
1-2.影响估计范围分布图	3-1.余震分布图
1-3.震区历史地震分布图	3-2.灾情信息分布图
1-4.北京水库分布图	4-1.余震分布图
1-5.震区油气管线分布图	4-2.灾情信息分布图
2-1.余震分布图（无记录）	5-1.余震分布图
2-2.强震动记录分布图（无记录）	5-2.现场调查点分布图
2-3.震中与主要城市距离分布图	5-3.灾情信息分布图
2-4.震区地质图	5-4.烈度分布图（初稿）
2-5.北京交通图	T-1.北京市行政区划图
2-6.北京学校分布图	T-2.北京市监测台站分布图
2-7.北京医院分布图	T-3.北京市地震断裂分布图
2-8.震区潜在地质灾害分布图	T-4.北京市重要目标分布图
2-9.震区危险源分布图	T-5.北京市潜在震源分布图
2-10.震区烈度区划图	T-6.北京市坡度分布图
2-11.震区地震动峰值加速度区划图	T-7.北京市遥感影像图
2-12.震区GDP图	默认底图数据
2-13.震区人口分布图	

图4-64　默认底图数据示例

4.3.6　制图设置

在制图设置中，可以对专题制图的各种要素进行配置。首先是显隐控制，可以对制图时的多种地图要求进行控制，如图4-65所示。

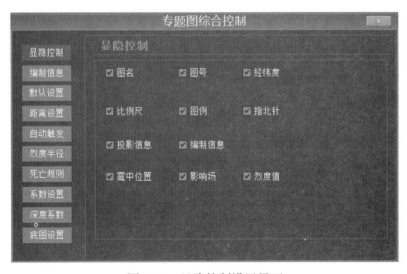

图4-65　显隐控制设置界面

另外，还包括编制信息、默认设置、距离设置、自动触发、烈度半径、死亡规则、系数设置、深度系数、底图设置，等等，如图4-66所示。

图4-66　各种制图设置界面

4.3.7　专题图输出

后台程序自动监测前台提交的计算任务。在监测到新任务后，自动进行计算，将结果输出在默认的位置中，生成的示例数据如图4-67所示。

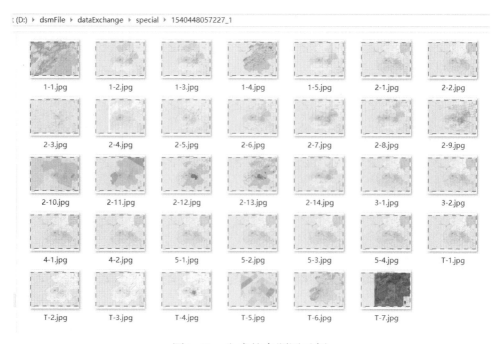

图4-67　生成的专题图示例

4.3.8　评估结果输出

评估结果包括人员死亡、建筑物经济损失、生命线经济损失、公里网格分布专题图等，生成的示例数据如图4-68和图4-69所示。

图4-68　评估结果输出示例

图4-69　评估结果分布图示例

4.3.9　公里网格专题图配置

根据公里网格评估结果生成专题图时，需要与基础地理底图进行实时叠加。基础地理底图的配置，在后台软件▇demoMap.exe后台配图应用软件中进行配置，配置完成后生成*.dspx文件，如图4-70所示。

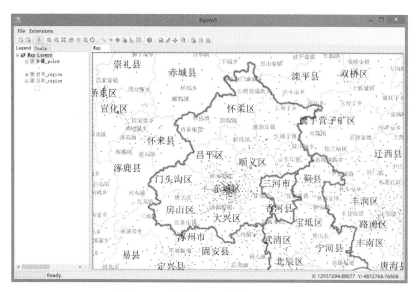

图4-70　基础地理底图配置界面

4.3.10　评估结果数据传递

生成的评估结果数据以JSON格式传递给前台，由前台进行解析和在线显示。某次计算结果的数据示例，如图4-71所示。

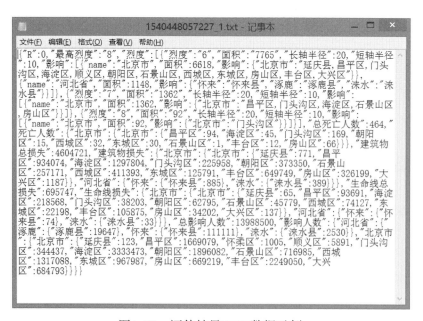

图4-71　评估结果JSON数据示例

第5章 总 结

5.1 主要结论

本系统主要由从事地震应急工作的专业技术人员使用，为地震应急指挥决策提供信息服务。但本书所讨论的相关理论与技术方法，对地震监测、震害防御等领域的研究和系统开发具有一定借鉴和参考意义，同时对相关领域的业务信息系统研发也具有一定参考价值。

项目验收评审专家组对本系统给出的意见认为："基于本地化分区分类的快速评估方法，结合空间信息技术，在国内率先实现了京津冀一体化地震灾害快速评估与辅助决策应用系统，总体技术水平国内领先，具有较强的现实应用意义。"从实际应用的角度，本系统的主要特色有：

（1）基于公里网格的分区分类快速评估方法的实践应用。

将中国地震局工程力学研究所孙柏涛课题组提供的分区分类快速评估方法应用于京津冀地区地震灾害快速评估与辅助决策支持系统，和"十五"应急指挥技术系统互为补充，在不同评估方法应用对比的基础上，为震后应急提供更科学、更准确的信息服务。

（2）京冀津一体化地震灾害损失快速评估与应用平台的构建。

从数据收集与加工整理、本地化评估模型构建、本地化辅助决策建议产出、软件系统的开发与部署应用等不同层面，在贯穿系统建设的整个过程中，都将京津冀地区作为一个整体进行考虑，首次实现了京津冀一体化地震灾害损失快速评估与应用平台的构建，对于促进京津冀一体化防震减灾事业的发展有一定的意义。

（3）基于GIS空间分析的本地化辅助决策报告的生成。

基于GIS空间分析技术，实时分析不同烈度区内专题数据的分布情况，并分专题给出针对性的救灾对策建议，以保证对策建议的准确性和可操作性。并且，基于用户可定制的本地化模板和本地化数据，可自动产出本地化辅助决策报告。

（4）地震应急专题图的快速批量制作与输出。

基于地震应急专题图制作规范，提前定制专题图模板样式，并将各类专题图对应的空间数据进行提前配置和制作多级预存储地图数据，在实际使用时，只需要提交地震触发参数，不需要人工干预，可自动实现全部专题图的快速批量制作与输出。

（5）业务应用与空间信息技术的无缝集成应用。

将模型计算结果与空间可视化表达进行无缝集成，在实现传统的文字、图表、报告等产出的基础上，所有评估结果均可在GIS地图上进行叠加显示，并提供了丰富的空间互操作功能，大大提高了系统的可视化水平和交互服务能力。

（6）远程触发与结果展示。

基于移动APP，实现了核心业务功能的远程触发与结果展示。移动终端和B/S平台上所进行的触发计算保持同步更新，得到的计算结果也可同步展示。对于地震应急业务人员，可以第一时间进行远程触发计算或查询最新计算结果，大大提高地震应急响应工作的效率。

（7）全链条自主知识产权的软件研发。

本系统全部为自主知识产权研发，不需要第三方商业GIS软件或数据库软件的支撑，为后续系统的推广应用打下良好基础。

（8）系统运行的高稳定性和快速计算。

基于全链条自主知识产权的软件研发，在核心业务功能和关键算法上，进行了最大可能的优化，使得系统保持良好的稳定性和计算的高效性。系统部署于一台工作站进行应用测试发现，在5分钟内可以完成一次触发地震的所有计算和结果产出（生成快速评估结果、生成快速评估报告、生成辅助决策建议报告、产出30余张专题图等）。

系统需要进一步研究的问题：

（1）数据的持续更新和完善。

随着每年基础地理数据、社会经济数据（尤其是城乡建设）、地震专业数据的更新，需要每年进行系统数据的更新与整理入库。尤其是涉及京津冀区域，数据各类多、覆盖范围大、且跨行政区域，所以数据的更新和完善是一项艰巨又复杂的工作。

（2）模型的持续更新和完善。

随着城乡建设的推进、活动构造与场地等领域的研究新进展、地震专业数据的更新与丰富，需要对京津冀地区分区分类评估模型进行持续的更新和完善，以保持模型的现势性与评估结果的可靠性。同时，考虑将不同评估方法进行集成应用，一次触发，产出不同评估模型的多种结果。

（3）系统功能的持续丰富和完善。

根据实际应用反馈信息，不断丰富和完善系统的产出与结果的表达形式，为科学、高效开展震后应急处置工作提供更丰富、更实用的信息服务功能。

5.2 结束语

针对地震灾害损失快速评估系统研发与应用中一些常见的问题，作者进行了简要的梳理和讨论，当作本书的结束语，若有不当，请读者批评指正。

首先是，如何理解地震灾害损失快速评估？"快速评估"最显著的特征是"快速"。对于地震这种突发性灾害事件，如何在最短的时间内给出一个快速评估结果，对于政府部门制定科学有效的应急救援对策，最大限度减少灾害损失、维护社会稳定，具有重要意义。尤其是重特大地震灾害事件，往往会导致灾区网络和通信的中断，从而存在灾后"黑箱期"，此时，必须借助快速评估的技术手段对灾情进行初判。哪怕是借助遥感、无人机等技术手段进行灾情调查，在天气允许的情况下，最快也需要几个小时，甚至需要几天的时间，还是不能满足实际地震应急工作的需要。因而，地震灾害损失快速评估对于整个地震应急救援工作至关重要。

"快速评估"的最理想的目标是评估结果的准确性。但是作为一种"盲评估"的技术手段，能得到准确的评估结果基本是不可能的。因而，在实际应用中，一般认为快速评估结果与最终实际结果在数量级上吻合就是可接受的。一个完整的快速评估系统包括"数据、模型、应用软件"三个基本要素。其中，难点是数据，核心是模型。

要区别的是，快速评估≠评估，损失快速评估≠快速评估。

评估的概念很大，做一年甚至十年的调查，出一个结果，也是评估；快速评估概念就小了很多，在地震应急领域，基本上就是基于技术系统在没有得到现场反馈信息之前，用软件估算推演的过程，按现在的技术，基本上10分钟以内都可以完成。

损失快速评估的概念又比快速评估的范围小了很多，包括直接损失快速评估和间接损失快速评估。地震可能会导致社会任何领域和行业的损失，所以间接损失或次生灾害损失没有任何一个人或一个软件能一下都给估算清楚（甚至具体导致哪些次生灾害的发生、发生的程度都无法准确判定）。针对直接损失快速评估，大家最关心的是两个结果：人员死亡、经济损失。

那么，如何实现人员死亡和经济损失的快速评估？作者认为性价比最高的办法就是：专家拍脑袋。结合历史地震经验，结合社会经济发展水平，根据地震发生的具体位置，有经验的专家一拍脑袋，2秒钟内给出的结果应该基本靠谱！比任何软件都快！但是，这样不行啊——这样不科学！科学的办法是，得有数据、有模型、有系统，由计算机去算。就像现在去医院必须经过一系列化验检查，医生才给下方开药是一样的。

快速评估的过程就是，用比较接近真实的数据，加上比较科学的模型，估算出来一个合理的结果。数据完全精确不可能，数据太粗也不行，所以只能用折中的办法——网格化——在一个网格内取一个平均值就可以了。为了方便，比较流行的是1千米×1千米网格（或经纬度0.01°×0.01°网格），或者根据基础数据的情况，进行动态地调整网格精度。

在计算地震直接损失时，考虑到经济损失涉及面太广，不容易把控，所以许多研究集中解决"地震导致的建筑物直接经济损失"的问题，毕竟建筑物是承灾的主体，把它算清楚很重要。而且，建筑物的属性是可调查清楚的，基于网格化的分区分类评估方法，建筑物的直接损失评估就更科学和准确了。进一步，人员死亡的评估计算就相对容易了——因为人的死亡主要是人和建筑物（及其附属物）发生耦合致死的。

地震应急中的技术问题，它不是自成一个学派体系的。有地震学，没有地震应急学；有地理信息系统，没有地震应急信息系统；有计算机科学与技术，没有地震应急科学与技术；有地震工程，没有地震应急工程……

地震应急中的技术问题往往需要多学科的技术进行交叉集成应用。地震应急中需要什么技术，取决于地震应急要解决哪些问题；地震应急要解决的问题取决于党和政府对地震应急领域提出的要求和需求。所以，从事地震应急的科研技术人员，首先要坚持目标导向和问题导向，把握清楚为谁服务、提供什么服务，着力解决行业突出问题，其次是求真求实，以实用和好用为基本原则，炒得最热的技术未必是最好的技术，能最好地解决现实问题的技术才是最好的技术。

参考文献

[1] Abdalla R, Tao V. Applications of 3D Web-Based GIS in Earthquake Disaster Modeling and Visualization.[J]. Journal of Environmental Informatics, 2004, 2(2004)：814–817.

[2] Cardona O D, Ordaz M G, Yamin L E, et al.. Earthquake Loss Assessment for Integrated Disaster Risk Management[J]. Journal of Earthquake Engineering, 2008, 12(sup2)：48–59.

[3] CHAO WEI (PHIL) YANG. Performance–improving techniques in web–based GIS [J]. International Journal of Geographical Information Science, 2005, 19(3)：319–342.

[4] Cha L S. Assessment of Global Seismic Loss Based on Macroeconomic Indicators[J]. Natural Hazards, 1998, 17(3)：269–283.

[5] Chen Jianping, Li Jianfeng, Qin Xuwen, et al.. RS and GIS–based Statistical Analysis of Secondary Geological Disasters after the 2008 Wenchuan Earthquake[J]. Acta Geologica Sinica, 2009, 83(4)：776–785.

[6] Debock D J, Liel A B. A Comparative Evaluation of Probabilistic Regional Seismic Loss Assessment Methods Using Scenario Case Studies[J]. Journal of Earthquake Engineering, 2015, 19(6)：33.

[7] Franchin P, Pinto P E, Schotanus M I. SEISMIC LOSS ESTIMATION BY EFFICIENT SIMULATION[J]. Journal of Earthquake Engineering, 2006, 10(sup001)：31–44.

[8] GewinV. Mapping Opportunities[J].Nature, 2004, 427(122)：376–377.

[9] Hashemi M, Alesheikh A A. A GIS–based earthquake damage assessment and settlement methodology[J]. Soil Dynamics & Earthquake Engineering, 2011, 31(11)：1607–1617.

[10] Hassanzadeh R, Hodhodkian H, Hodhodkian H, et al.. Interactive approach for GIS–based earthquake scenario development and resource estimation (Karmania hazard model)[J]. Computers & Geosciences, 2013, 51(2)：324–338.

[11] Ismaël Riedel, Philippe Guéguen. Modeling of damage–related earthquake losses in a moderate seismic–prone country and cost–benefit evaluation of retrofit investments: application to France[J]. Natural Hazards, 2018，2：1–24.

[12] Kienzle A, Hannich D, Wirth W, et al.. A GIS–based study of earthquake hazard as a tool for the microzonation of Bucharest[J]. Engineering Geology, 2006, 87(1)：13–32.

[13] Lagaros N D. The impact of the earthquake incident angle on the seismic loss estimation[J]. Engineering Structures, 2010, 32(6): 1577–1589.

[14] Li J, Jiang J H, Li M H. Hazard analysis system of urban post–earthquake fire based on GIS[J]. Acta Seismologica Sinica, 2001, 14(4): 448–455.

[15] Li Ping and Tao Xiaxin. Integrating RS technology into a GIS–based earthquake prevention and disaster reduction system for earthquake damage evaluation[J]. Earthquake Engineering and Engineering Vibration, 2009,8(1): 95–101.

[16] Liu J G, Mason P J, Yu E, et al.. GIS modelling of earthquake damage zones using satellite remote sensing and DEM data[J]. Geomorphology, 2012, s139–140(2): 518–535.

[17] Luo C, Zhu Q, Pang B, et al.. Research of the 3d GIS based on OpenGL_ES for Earthquake Engineering[J]. Systems Engineering Procedia, 2011, 1:93–98.

[18] Marulanda M C, Cardona O D, Mora M G, et al.. Design and implementation of a voluntary collective earthquake insurance policy to cover low–income homeowners in a developing country[J]. Natural Hazards, 2014, 74(3): 1–18.

[19] Mhaske S Y, Choudhury D. GIS–based soil liquefaction susceptibility map of Mumbai city for earthquake events[J]. Journal of Applied Geophysics, 2010, 70(3): 216–225.

[20] Microsoft Corp. https://msdn.microsoft.com. 2018.

[21] Miura H, Midorikawa S. Updating GIS Building Inventory Data Using High–Resolution Satellite Images for Earthquake Damage Assessment: Application to Metro Manila, Philippines[J]. Earthquake Spectra, 2012, 22(1): 151–168.

[22] National Earthquake Information Center, http://earthquake.usgs.gov. 2018.

[23] Peduzzi P. Landslides and vegetation cover in the 2005 North Pakistan earthquake: a GIS and statistical quantitative approach.[J]. Natural Hazards & Earth System Sciences, 2010, 10(4): 623–640.

[24] Peekasa C, Ramirez M R, Shoaf K, et al.. GIS mapping of earthquake–related deaths and hospital admissions from the 1994 Northridge, California, Earthquake.[J]. Annals of Epidemiology, 2000, 10(1): 5–13.

[25] Rukstales K S, Petersen M D, Frankel A D, et al.. Earthquake Scenarios Based Upon the Data and Methodologies of the US Geological Survey's National Seismic Hazard Mapping Project[C]//AGU Fall Meeting Abstracts. 2011, 1: 1797.

[26] Sadeghi M, Hochrainer–Stigler S, Ghafory–Ashtiany M. Evaluation of earthquake mitigation measures to reduce economic and human losses: a case study to residential property owners in the metropolitan area of Shiraz, Iran[J]. Natural Hazards: Journal of the International

Society for the Prevention and Mitigation of Natural Hazards, 2015, 78（3）：1811–1826.

[27] Sun C G, Chun S H, Ha T G. Development and application of a GIS–based tool for earthquake–induced hazard prediction[J]. Computers & Geotechnics, 2008, 35(3)：436–449.

[28] Tang A, Wen A. An intelligent simulation system for earthquake disaster assessment[J]. Computers & Geosciences, 2009, 35(5)：871–879.

[29] Ulrich Kamp, Benjamin J. Growley, Ghazanfar A. Khattak, et al.. GIS–based landslide susceptibility mapping for the 2005 Kashmir earthquake region[J]. Geomorphology, 2008,101：631–642.

[30] Vera Pessina and Fabrizio Meroni. A WebGis tool for seismic hazard scenarios and risk analysis[J]. Soil Dynamics and Earthquake Engineering, 2009, 29：1274–1281.

[31] Wang J, Pierce M, Ma Y, et al.. Using Service–Based GIS to Support Earthquake Research and Disaster Response[J]. Computing in Science & Engineering, 2012, 14(5)：21–30.

[32] Wu J, Li N, Stéphane Hallegatte, et al.. Regional indirect economic impact evaluation of the 2008 Wenchuan Earthquake[J]. Environmental Earth Sciences, 2012, 65(1)：161–172.

[33] Xu C, Dai F, Xu X, et al.. GIS–based support vector machine modeling of earthquake-triggered landslide susceptibility in the Jianjiang River watershed, China[J]. Geomorphology, 2012, s145–146(2)：70–80.

[34] Xu C, Xu X, Yao Q, et al.. GIS–based bivariate statistical modelling for earthquake triggered landslides susceptibility mapping related to the 2008 Wenchuan earthquake, China[J]. Quarterly Journal of Engineering Geology & Hydrogeology, 2013, 46(2)：221–236.

[35] Xu C, Xu X, Yuan H L, et al.. The 2010 Yushu earthquake triggered landslide hazard mapping using GIS and weight of evidence modeling[J]. Environmental Earth Sciences, 2012, 66(6)：1603–1616.

[36] Yang X, Xie Z, Ling F, et al.. Post–Earthquake People Loss Evaluation Based on Seismic Multi–Level Hybrid Grid: A Case Study on Yushu M_S 7.1 Earthquake in China[J]. Open Geosciences, 2016, 8(1)：639–649.

[37] 安基文, 徐敬海, 聂高众, 等. 高精度承灾体数据支撑的地震灾情快速评估[J]. 地震地质, 2015, 37(4)：1225~1241.

[38] 白仙富, 李永强, 陈建华, 等. 地震应急现场信息分类初步研究[J]. 地震研究, 2010, 33(1)：111~118.

[39] 毕玉玲, 李成名, 赵占杰. 三维GIS符号化表达系统的设计与实现[J]. 北京测绘, 2016, 2：86~90.

[40] 毕雪梅，金忠平，左天惠，等.区域地震应急专题信息速报系统研究——以江苏省为例[J].防灾减灾工程学报，2013，4：481~486.

[41] 卜若，徐敬海，聂高众.动态地震应急处置方案系统设计与实现[J].世界地震工程，2017，33(1)：27~33.

[42] 蔡菲，崔健，丁宁，等.基于GIS和GPS的地震应急救援指挥系统[J].计算机应用与软件，2010，27(4)：83~86.

[43] 曹波，康玲，谭德宝，杨胜梅.地震诱发堰塞湖下游淹没风险评估方法对比研究[J].武汉大学学报(信息科学版)，2015，40(3)：333~340.

[44] 曹彦波，李永强，曹刻，等.基于GIS技术的地震应急异地疏散接受能力判断模型研究[J].地震研究，2008，s2：623~628.

[45] 陈洪富，孙柏涛，陈相兆，钟应子.HAZ-China地震灾害损失评估系统研究[J].土木工程学报，2013，s2：294~300.

[46] 陈洪富，孙柏涛，陈相兆，等.基于云计算的中国地震灾害损失评估系统研究[J].地震工程与工程振动，2013，33(1)：198~203.

[47] 陈洪富，孙柏涛，陈相兆.基于GIS的地震基础数据库管理系统[J].地震研究，2014，37(4)：648~653.

[48] 陈相兆.HAZChina地震应急快速评估技术研究及系统建设[J].国际地震动态，2017，6：30~31.

[49] 陈述彭，鲁学军，周成虎.地理信息系统导论[M].北京：科学出版社，1999.

[50] 陈鑫连，谢广林.航空遥感的震害快速评估与救灾决策[J].自然灾害学报，1996，5(3)：29~34.

[51] 程海洋，宋立松，曹建兵，等.二维GIS与三维GIS联动技术研究[J].浙江水利科技，2010，3：31~32.

[52] 程朋根，龚健雅.地质矿山中三维GIS数据模型的应用问题[J].矿山测量，1999，2：14~18.

[53] 邓砚，聂高众，苏桂武.地震应急的影响因素分析[J].灾害学，2005，20(2)：27~33.

[54] 邓砚，聂高众，苏桂武.县(市)绝对地震应急能力评估方法的初步研究[J].地震地质，2011，33(1)：36~44.

[55] 邓砚，苏桂武，聂高众.中国地震应急地区系数的初步研究[J].灾害学，2008，23(1)：140~144.

[56] 邓宏宇，孙柏涛，Dong W.遥感技术在地震应急基础数据库建设中的应用[J].地震工程与工程振动，2013，4(3)：81~87.

[57] 中国地震局.地震行业标准《地震名称确定规则》（DB/T 58—2014）[M].北京：地震出版社，2014.

[58] 丁峰，万远，雷雨，等.基于三维全景的在线漫游及GIS集成研究与开发[J].南开大学学报(自然科学版)，2014，4：54~58.

[59] 丁香，王晓青，窦爱霞.基于GIS的地震现场应急指挥管理信息系统研制[J].地震，2014，34(3)：160~170.

[60] 丁文秀，张亦梅，特木其勒，等.基于网格数据的三峡库区地震灾情快速评估系统研究[J].大地测量与地球动力学，2013，S1：101~105.

[61] 董超，杨超，马建峰，张俊伟.Android系统中第三方登录漏洞与解决方案[J].计算机学报，2016，39(3)：582~594.

[62] 窦爱霞，王晓青，丁香，等.遥感震害快速定量评估方法及其在玉树地震中的应用[J].灾害学，2012，27(3)：75~80.

[63] 杜毅，杜通林，白俊波，等.基于二三维GIS技术构建数字气田协同业务平台[J].天然气与石油，2013，31(6)：1~3.

[64] 范建容，田兵伟，程根伟，等，基于多源遥感数据的"5·12"汶川地震诱发堰塞体信息提取[J].山地学报，2008，26(3)：257~262.

[65] 范开红，林洋，申源.地震应急指挥技术系统产出信息面向对象分类与应用[J].地震研究，2014，37(2)：317~322.

[66] 冯志泽，杜宪宋，吴子泉，等.鲁北地震危险区地震灾害快速评估系统[J].华南地震，1999，19(1)：72~77.

[67] 高飞，尤磊，阮红利.基于开源项目的二三维联动GIS系统的设计与实现[J].测绘科学，2009，s2：144~145.

[68] 高惠瑛，李清霞.地震人员伤亡快速评估模型研究[C].全国城市与工程安全减灾学术研讨会.2010.

[69] 高惠瑛，李清霞.地震人员伤亡快速评估模型研究[J].灾害学，2010，25(S1)：275~277.

[70] 高惠瑛，刘明琼，蔡宗文，等.基于WEBGIS的地震灾情快速评估系统研究[C].全国城市与工程安全减灾学术研讨会.2010.

[71] 高惠瑛，刘明琼，蔡宗文，等.基于WEBGIS的地震灾情快速评估系统研究[J].灾害学，2010，25(s1)：314~316.

[72] 高建国，聂高众，苏桂武，等.地震应急救助需求的模型化处理[J].资源科学，2001，23(1)：69~76.

[73] 高娜，聂高众.地震应急救灾效能研究[J].灾害学，2015，2：158~161.

[74] 龚琪慧，吴健平，王洁华，等.基于全景图的3维实景制作及其与GIS集成研究[J].测绘与空间地理信息，2012，6：33~37.

[75] 苟文博，于强，基于MySQL的数据管理系统设计与实现[J].电子设计工程，2017，25(6)：62~65.

[76] 葛智渊，李东平.基于GIS的浙江省地震快速评估模型构建研究[J].华北地震科学，2009，27(3)：12~16.

[77] 管友海，冯启民，马浩然.地震应急对策决策支持软件的设计与开发[J].世界地震工程，2006，22(1)：72~78.

[78] 郭红梅，黄丁发，陈维锋，等.城市地震现场搜救指挥辅助决策系统的设计与开发[J].地震研究，2008，31(1)：83~88.

[79] 郭建兴，王晓青，窦爱霞，等.基于OpenGIS和数字地球平台的地震应急遥感震害信息发布系统研究[J].地震，2013，33(2)：123~131.

[80] 郭林岗，周洁，张冰，等.GIS集成三维全景在环境应急中的应用[J].环境科学导刊，2013，32(s1)：134~136.

[81] 国家标准，《地理信息元数据》.GB/T 19710—2005.

[82] 国家标准，《基础地理信息要素分类与代码》.GB/T 13923—2006.

[83] 国家标准，《计算机配置管理计划规范》.GB/T 12505—1990.

[84] 国家标准，《计算机软件开发规范》.GB/T 8566—1988.

[85] 国家标准，《计算机质量保证计划规范》.GB/T 12504—1990.

[86] 国家标准，《软件工程术语》.GB/T 11457—1989.

[87] 国家标准，《公共地震信息发布》.GB/T 22568—2008.

[88] 国家标准，《地震灾害间接经济损失评估方法》.GB/T 27932—2011.

[89] 何钧，陈时军，康瑞清.地震灾害盲场快速评估系统及其应用[J].内陆地震，1998(3)：234~241.

[90] 姜立新，傅征祥，杨满栋，等.地震灾害快速评估的计算机方法和程序[J].地震，1995，3：228~233.

[91] 胡少卿，孙柏涛，王东明.基于建筑物易损性分类的群体震害预测方法研究[J].地震工程与工程振动，2010，30(3)：96~101.

[92] 黄庭，张志，谷延群，等，基于遥感和GIS技术的北川县地震次生地质灾害分布特征[J].遥感学报，2009，13(1)：177~182.

[93] 姜立新，聂高众，帅向华，等.我国地震应急指挥技术体系初探[J].自然灾害学报，2003，12(2)：1~6.

[94] 姜立新，帅向华，聂高众，等.地震应急联动信息服务技术平台设计探讨[J].震灾防御技术，2011，6(2)：156~163.

[95] 姜立新，帅向华，聂高众，等.地震应急指挥协同技术平台设计研究[J].震灾防御技术，2012，7(3)：294~302.

[96] 姜孟冯，基于Android的可定位自动瓦斯检查系统[J].煤矿安全，2017，48(4)：99~102.

[97] 金波，陶夏新，高光伊.关于防震减灾信息和辅助决策系统的安全性问题[J].世界地震工程，2006，1：27~31.

[98] 雷秋霞，陈维锋，黄丁发，等.地震现场搜救力量部署辅助决策系统研究[J].地震研究，2011，34(3)：384~388.

[99] 李杰，江建华.基于GIS的城市地震次生火灾危险性分析系统[J].地震学报，2001，23(4)：420~426.

[100] 李敏.云南地震应急快速评估系统优化研究[J].震灾防御技术，2018，1：177~186.

[101] 李萍，陶夏新，颜世菊.地震损失评估及应急反应系统的实例验证[J].世界地震工程，2009，25(3)：108~112.

[102] 李志强，聂高众，苏桂武.基于SVG的灾害信息系统研究[J].地学前缘，2003，10(u08)：280~284.

[103] 李德仁，地球空间信息学的机遇[J].武汉大学学报(信息科学版)，2004，29(9)：753~755.

[104] 李东平，姚远.GIS的发展趋势与数字地震应急救灾的实现技术[J].计算机技术与发展，2011，21(1)：214~217.

[105] 李东平，赵锦慧，沈晓健，等.基于GIS技术的浙江省地震应急指挥演练系统[J].地震研究，2006，29(3)：290~293.

[106] 李怀义，张红友，胡静波，基于学员信息管理系统的关系数据库模型探讨[J].信息技术，2014，2：41~44.

[107] 李佼.基于Skyline的三维GIS开发关键技术研究[D].华东师范大学，2009.

[108] 李静，刘海砚，杨瑞杰，郭文月，杨明远，基于论文中高频关键词的GIS领域研究热点的可视化分析[J].测绘工程，2017，8：71~76.

[109] 李珀任，吴建平，黄静，等.基于实时技术和3D WebGIS的地震信息发布系统[J].地震地磁观测与研究，2016，37(1)：107~112.

[110] 刘帅，赵伶俐，李佳田.GIS三维建模方法[M].北京：中国科学技术出版社，2016.

[111] 刘义勤，潘懋，彭博，等.基于三维GIS技术的城市地下空间数字化——以天津市塘沽为例[J].测绘通报，2011，2：45~47.

[112] 刘如山，余世舟，颜冬启，等.地震破坏与经济损失快速评估精细化方法研究[J].应用基础与工程科学学报，2014，5：928~940.

[113] 刘双庆，邱虎，王晓青.一种基于宏观经济指标的地震灾害快速评估方法及实现[J].灾害学，2010，25(3)：16~19.

[114] 刘智.准实时地震灾情综合评估系统的研发[J].震灾防御技术，2017，12(4)：834~844.

[115] 罗宇，刘玲，汤彬.三维GIS模型技术问题探讨[J].东华理工大学学报(自然科学版)，1999，22(4)：345~349.

[116] 马立广，曹彦荣.Google Earth COM API及KML技术在旅游管理信息系统开发中的应用[J].地球信息科学学报，2010，12(6)：828~834.

[117] 聂高众，安基文，邓砚.地震应急评估与决策指标体系的构建[J].震灾防御技术，2011，6(2)：146~155.

[118] 聂高众，安基文，邓砚.地震应急灾情服务进展[J].地震地质，2012，34(4)：782~791.

[119] 聂高众，陈建英，李志强，等.地震应急基础数据库建设[J].地震，2002，22(3)：105~112.

[120] 聂高众，马宗晋，李志强.防灾减灾系统工程的国际对比分析及建议[J].灾害学，1998，4：67~71.

[121] 聂高众，徐敬海.基于震源深度的极震区烈度评估模型[J].地震地质，2018，40(3)：611~621.

[122] 聂高众，徐敬海.区域防震土地利用评价与分析研究[J].自然灾害学报，2011，6：27~31.

[123] 聂高众，国家地震社会服务工程设计报告[C]."十一五"国家重大建设项目初步设计编制会.北京，2011.

[124] 宁宝坤，曲国胜，张鹤，等.人员死亡的时间统计在地震灾情快速评估中的初步应用研究[C].中国灾害防御协会风险分析专业委员会年会.2006.

[125] 彭静，龙训荣，韩丽芳.GIS在地震应急基础数据库建设中的应用[J].高原地震，2010，22(2)：58~62.

[126] 齐双峰，姚阔，郭鑫，等.基于二三维GIS的地质灾害空间信息集成系统的研究[J].农家科技旬刊，2015，1：113，203.

[127] 曲家峰.基于二维三维GIS一体化技术的大连市防汛信息服务系统设计与实现[J].水利建设与管理，2017，4：37~39.

[128] 帅向华，成小平. 基于GIS的全国地震应急快速响应信息系统[C]. arc/info暨erdas中国用户大会. 2000.

[129] 帅向华，姜立新，王栋梁. 国家地震应急指挥软件系统研究[J]. 自然灾害学报. 2009，18(3)：99~104.

[130] 帅向华，聂高众，姜立新，等. 国家地震灾情调查系统探讨[J]. 震灾防御技术，2011，6(4)：396~405.

[131] 苏桂武，邓砚，聂高众. 中国地震应急宏观分区的初步研究[J]. 地震地质，2005，27(3)：382~395.

[132] 苏桂武，聂高众，高建国. 地震应急信息的特征、分类与作用[J]. 地震，2003，23(3)：27~35.

[133] 苏桂武. 县(市)地震应急能力评价指标体系的构建[J]. 灾害学，2010，25(3)：125~129.

[134] 宋扬，潘懋，朱雷. 三维GIS中的R树索引研究[J]. 计算机工程与应用，2004，40(14)：9~10.

[135] 孙柏涛，胡少卿. 基于已有震害矩阵模拟的群体震害预测方法研究[J]. 地震工程与工程振动，2005，25(6)：102~108.

[136] 孙柏涛，孙得璋. 建筑物单体震害预测新方法[J]. 北京工业大学学报，2008，34(7)：701~707.

[137] 孙柏涛，王东明. 地震现场建筑物安全性鉴定智能辅助系统研究[J]. 地震工程与工程振动，2003，23(5)：209~213.

[138] 孙柏涛，张桂欣. 汶川8.0级地震中各类建筑结构地震易损性统计分析[J]. 土木工程学报，2012，5：26~30.

[139] 谭庆全，薄涛，罗桂纯，等. 遥感图像道路信息提取算法研究现状与地震应急应用[J]. 自然灾害学报，2015，3：52~57.

[140] 谭庆全，薄涛，乔永军，等. 基于ArcIMS实现切片式WebGIS及其在地震应急中的应用[J]. 防灾科技学院学报，2011，13(1)：65~69.

[141] 谭庆全，毕建涛，池天河. 一种灵活高效的遥感影像金字塔构建算法[J]. 计算机系统应用，2008，17(4)：124~127.

[142] 谭庆全，毕建涛，刘群. 基于Java与C++联合编程实现网络环境下遥感影像的切割算法[J]. 计算机系统应用，2010，19(1)：185~189.

[143] 谭庆全，池天河，毕建涛，等. 基于多服务器的WebGIS的设计与实现[J]. 遥感信息，2008，2：86~89.

[144] 谭庆全，刘群，毕建涛，等. 瘦客户端WebGIS实现模式的性能仿真测试与分析[J]. 计

算机应用研究，2008，25(10)：3145~3147.

[145] 谭庆全，王占英. 关于改进省级地震应急指挥中心日运维工作的思考与实践[J]. 城市与减灾，2015，5：20~22.

[146] 谭庆全，尹东兵. 浅谈Google Maps地图数据在地震应急中的应用[J]. 城市与减灾，2010，6：25~27.

[147] 谭庆全. 地震应急专题图离线生成技术研究与应用[J]. 城市与减灾，2017，1：53~58.

[148] 谭庆全. 面向公众的网络空间信息服务理论与关键技术研究[D]. 中国科学院遥感应用研究所，2008.

[149] 汤爱平，谢礼立，陶夏新. 基于GIS的城市地震应急反应系统[J]. 防灾减灾学报，2001，17(2)：35~40.

[150] 陶琼，朱大明. 三维GIS的发展趋势与建模分析[J]. 地矿测绘，2008，24(4)：35~37.

[151] 田凤宾，陈伊娜. 三维全景云GIS服务平台的构建与应用[J]. 信息通信，2013，7：1~2.

[152] 万幼，边馥苓. 二三维联动的GIS系统体系结构构建技术[J]. 地理信息世界，2008，6(2)：48~52.

[153] 王朝，程若奇. 二三维GIS集成技术在水利中的应用[C]. 中国地理信息系统协会年会. 2003：24~29.

[154] 王昊欣，基于计算机网络设计中关系数据库技术的应用[J]. 电子世界，2017，13：78.

[155] 王德才，倪四道，李俊. 地震烈度快速评估研究现状与分析[J]. 地球物理学进展，2013，28(4)：1772~1784.

[156] 王辉山，林岩钊，吴楠楠. 地震应急辅助决策系统设计与应用[J]. 科技资讯，2017，15(22)：14~16.

[157] 王辉山，肖健，郑韵. 基于移动终端的地震应急辅助决策系统研究[J]. 自然灾害学报，2017，5：30~35.

[158] 王景来，宋志峰. 地震灾害快速评估模型[J]. 地震研究，2001，24(2)：162~167.

[159] 王丽莉，翟文杰，单德华，等. 辽宁地震应急指挥系统的设计与实施[J]. 防灾减灾学报，2008，24(2)：66~70.

[160] 王曦，周洪建，张弛. 地震灾害死亡人口快速评估方法对比研究[J]. 地理科学，2018，38(2)：314~320.

[161] 王晓青，邵辉成，丁香. 地震速报参数不确定性的应急灾害损失快速评估模型[J]. 地震工程与工程振动，2003，23(6)：198~201.

[162] 王润，姜彤，LorenzKing，MarcoGemmer，AnjaHoll. 20世纪重大自然灾害评析[J]，自然灾害学报，2000，9(1)：9~15.

[163] 王伟，李成仁，许书影. 基于二三维GIS的智慧社区管理系统[J]. 地理空间信息，2017，15(7)：6~8.

[164] 王晓辉. 基于SOA的电力GIS平台及关键技术研究[D]. 华北电力大学，2012.

[165] 王晓青，丁香. 基于GIS的地震现场灾害损失评估系统[J]. 自然灾害学报，2004，13(1)：118~125.

[166] 王燕. 二三维一体化的WebGIS系统的研究与实现[J]. 现代测绘，2011，34(5)：46~47.

[167] 王杨，范植华. 地震救援演练仿真系统的研究[J]. 计算机仿真，2013，30(1)：404~408.

[168] 魏本勇，聂高众，苏桂武，等. 地震灾害埋压人员评估的研究进展[J]. 灾害学，2017，32(1)：155~159.

[169] 邬伦，等.地理信息系统——原理、方法和应用[M].北京：科学出版社，2001.

[170] 吴庆双，胡祺，蔡继盛. WebGIS构建模式初步探讨及实例分析[J]. 计算机技术与发展. 2007，17(11)：221~222.

[171] 吴勇，罗腾元. 全景三维虚拟系统构建方法研究[J]. 计算机工程与设计，2014，35(5)：1858~1861.

[172] 吴建春，李亦纲，皇甫岗，等. 地震应急与救援体系发展规划研究[J]. 大地测量与地球动力学，2008，28(2008专刊)：37~42.

[173] 吴立新，李志锋，王植，等. 地震灾情快速评估方法和应用——以玉树地震为例[J]. 科技导报，2010，28(24)：38~43.

[174] 武安绪，吴培稚，胡新亮，等. 基于GIS的震后应急快速反应与地震现场震情分析[J]. 地震工程学报，2005，27(z1)：14~18.

[175] 徐敬海，徐徐，聂高众，等.基于GIS的地震应急态势标绘技术研究[J]. 武汉大学学报(信息科学版)，2011，36(1)：66~70.

[176] 徐敬海，安基文，聂高众. 基于千米格网的地震应急灾情预评估数据开发[J]. 地震地质，2016，38(3)：760~772.

[177] 徐敬海，褚俊秀，聂高众，等. 基于位置微博的地震灾情提取[J]. 自然灾害学报，2015，5：12~18.

[178] 徐敬海，韩烨，聂高众，等. 基于多比例尺技术的南京市地震应急数据库建设[J]. 世界地震工程，2011，27(2)：51~56.

[179] 徐敬海，聂高众. 城市地震应急处置方案技术研究[J]. 地震地质，2014，36(1)：196~205.

[180] 徐敬海，聂高众. 面向智能应急的地震应急决策知识[J]. 自然灾害学报，2013，

22(3)：40~46.

[181] 晏凤桐. 地震灾情的快速评估[J]. 地震研究，2003，26(4)：382~387.

[182] 杨建思. 靠什么评估和快速获取地震灾情?[J]. 中国科技财富，2016，6：95.

[183] 杨天青，姜立新，杨桂岭. 地震人员伤亡快速评估[J]. 地震地磁观测与研究，2006，27(4)：39~43.

[184] 杨天青，姜立新. 关于地震灾害快速评估系统的思考[J]. 地震，2005，25(3)：123~128.

[185] 杨斌，蒋晓君. WebGIS技术在地震应急指挥信息系统中的应用[J]. 内陆地震，2008，22(1)：48~54.

[186] 姚新强，孙柏涛，陈宇坤，等. 基于震害预测的动态震害矩阵方法研究[J]. 地震工程学报，2016，38(2)：318~322.

[187] 于德龙，孙柏涛，闫培雷. 应用多指标体系构建城乡分级公里格网模型[J]. 哈尔滨工程大学学报，2015，12：1584~1589.

[188] 於永东，路明月，许笛，等. 基于GIS的三维虚拟校园设计与实现[J]. 南京信息工程大学学报，2012，4(1)：81~86.

[189] 于金良，朱志祥，梁小江，基于Android系统的温室异构网络环境监测智能网关开发[J]. 计算机技术与发展，2016，26(12)：137~141.

[190] 张国防，白晓波，孙超. 基于Android的APP开发平台的搭建[J]. 通讯世界. 2015，22(12)：68~69.

[191] 张昭楠，基于AJAX技术的中文术语抽取系统的设计与实现[J]. 电子设计工程，2016，24(18)：44~46.

[192] 张子超，关系数据库技术在计算机网络设计中的运用[J]. 信息通信，2015，4：119.

[193] 张桂欣，孙柏涛，陈相兆，等. 北京市建筑抗震能力分类及地震灾害风险分析[J]. 地震工程与工程振动，2018，3：223~229.

[194] 张桂欣，孙柏涛. 多因素影响的建筑物群体震害预测方法研究[J]. 世界地震工程，2010，26(1)：26~30.

[195] 张晖，赵颖，李雅静. 地震灾害快速评估结果检索软件设计[J]. 华北地震科学，2012，30(4)：61~64.

[196] 张磊，程朋根，陈静. 基于"天地图"地震信息集成的设计与实现[J]. 东华理工大学学报（自然科学版），2013，36(3)：323~327.

[197] 张韶华，杨昆，刘涛，等. 地震应急辅助决策支持系统的设计与实现[J]. 测绘科学，2015，40(6)：115~119.

[198] 张莹. 城镇地震应急快速评估系统研究[J]. 震灾防御技术，2017，12(4)：902~913.

[199] 张玉润，刘小立，林立丰，等.地震灾区紧急状态下现场的公共卫生快速评估[J].中华预防医学杂志，2008，42(9)：681~683.

[200] 章熙海，吴洪，安琪伟.基于GIS的江苏省地震应急指挥系统[J].防灾减灾工程学报，2002，22(3)：55~60.

[201] 赵和平.地震应急救援任重道远[J].防灾博览，2009，9(4)：8~13.

[202] 赵丽娜.基于VTK的二三维GIS核心组件的开发[D].浙江大学，2013.

[203] 郑幸源，洪亲，蔡坚勇，陈顺凡，柯俊敏.基于AJAX异步传输技术与Echarts3技术的动态数据绘图实现[J].软件导刊，2017，16(3)：143~145.

[204] 中国地震局.京津冀协同发展防震减灾"十三五"专项规划.2017.

[205] 中国地震局，中国地震应急指挥技术系统规程[M].北京：地震出版社，2005.

[206] 中国地震台网中心，http：//www.ceic.ac.cn/index.jsp. 2017.

[207] 中国地震信息网，http：// www.csi.ac.cn. 2017.

[208] 周洁萍，龚建华，王涛，等.汶川地震灾区无人机遥感影像获取与可视化管理系统研究[J].遥感学报，2008，12(6)：877~884.

[209] 周斌.基于GIS的防震减灾计算机信息管理及辅助决策系统[J].地震工程学报，2003，25(4)：78~82.

[210] 朱庆，李晓明，张叶廷，等.一种高效的三维GIS数据库引擎设计与实现[J].武汉大学学报(信息科学版)，2011，36(2)：127~132.